AF704608

E-Book inside

Johannes Kochs:

Pyramidales Strukturieren und Visualisieren

Präsentationen auf den Punkt bringen

Mit dem untenstehenden Download-Code erhalten Sie die PDF-Version dieses Buches.

So laden Sie Ihr E-Book inside herunter:

1. Öffnen Sie die Website: http://www.beltz.de/ebookinside
2. Geben Sie den untenstehenden Download-Code ein und füllen Sie das Formular aus.
3. Mit dem Klick auf den Button am Ende des Formulars erhalten Sie Ihren persönlichen Download-Link.
   [Für den Einsatz des E-Books in einer Institution fragen Sie bitte nach einem individuellen Angebot unseres Vertriebs: buchservice@beltz.de. Nennen Sie uns dazu die Zahl der Nutzer, für die das E-Book zur Verfügung gestellt werden soll.]
4. Der Code ist nur einmal gültig. Bitte speichern Sie die Datei auf Ihrem Computer.
5. Beachten Sie bitte, dass es sich bei Ihrem Download um eine Einzelnutzerlizenz handelt. Das E-Book ist für Ihren persönlichen Gebrauch bestimmt.

Download-Code

X4E3Y3GZGA

Kochs

Pyramidales Strukturieren und Visualisieren

Johannes Kochs

Pyramidales Strukturieren und Visualisieren

Präsentationen auf den Punkt bringen

BELTZ

Johannes Kochs ist Trainer, Coach und Moderator. Mit seinem Team aus Experten unterstützt er verschiedenste Organisationen vom Startup über Unternehmensberatungen bis hin zum Dax-Konzern dabei, Kommunikation auf allen Ebenen zu verbessern. Das Fundament seiner Arbeit bilden das Studium der Sprecherziehung mit dem Abschluss »Master of Speech Communication and Rhetoric« an der Universität Regensburg und die erfolgreiche Ausbildung zum Schauspieler. Neben dem Pyramidalen Präsentieren und Strukturieren liegen seine Schwerpunkte auf den Themen Storytelling, Präsentation und Vortrag sowie Artikulation und Stimmbildung.
Kontakt:
info@johanneskochs.de
www.jktraining.de

FSC www.fsc.org MIX Papier aus verantwortungsvollen Quellen FSC® C089473

Dieses Buch ist erhältlich als:
ISBN 978-3-407-36936-9 Print
ISBN 978-3-407-36864-5 E-Book (PDF)

2. Auflage 2023

Lektorat: Konrad Bronberger
Satz und Herstellung: Michal Matl
Druck und Bindung: Beltz Grafische Betriebe, Bad Langensalza
Umschlaggestaltung: Michael Matl
Printed in Germany

Weitere Informationen zu unseren Autoren und Titeln finden Sie unter: www.beltz.de

Inhaltsverzeichnis

Die Icons bedeuten:

- **Beispiel**
- **Literatur**
- **Vorsicht**
- **Definition**
- **Übung**
- **Hinweis**
- **Vertiefung**

Dank

Mein besonderer Dank gilt Birgit Bockschweiger, ohne die ich dieses Buch niemals fertiggestellt hätte. Als unerlässliche Unterstützung bei der Diskussion, bei der Recherche und beim Schreiben selbst steckt viel von ihrem Geist in diesem Werk.

Vielen Dank an Dr. Benjamin Stahl für seine unermessliche Geduld, zahlreiche Diskussionen zur Methode und sein unerbittliches Korrekturlesen.

Astrid Angloher danke ich für den spannenden Austausch zur Methode sowie für den Impuls, dieses Buch zu schreiben.

Weiterhin danke ich Dr. Barbara E. Meyer für den Kontakt zum Beltz Verlag sowie Markus Stier und Nicole Michel für den Glauben an dieses Buch.

Und nicht zuletzt ein großes Dankeschön an meine interessierten und kritischen Seminarteilnehmer*, die mir durch ihre Fragen und herausfordernden Beispiele die pyramidale Methode noch nähergebracht haben.

Vorwort zur zweiten Auflage:

> »Lieber Freund, entschuldige meinen langen Brief,
> für einen kurzen hatte ich keine Zeit.«

Diese oft fälschlicherweise Goethe, Churchill oder Mark Twain zugeschriebene Aussage geht stattdessen auf die 1656 geschriebenen Zeilen des französischen Mathematikers und Philosophen Blaise Pascal zurück.[1] Zeit ist eine Sache, das Wissen um das richtige Herangehen an die Struktur eine andere. Und gute Struktur spart Zeit.

Damit Sie Blaise Pascals Ausspruch nicht in ähnlicher Form über Ihre E-Mails, Statements, Dokumente und Präsentationen sagen müssen, ist dieses Buch entstanden. Neben all den Ideen aus hunderten Seminaren, welche

* Zugunsten der einfachen Lesbarkeit wird in diesem Buch die männliche Form verwendet, wobei die weibliche stets mitgemeint ist.

mein Team und ich zur Methode gegeben haben, sowie den Rückmeldungen von interessierten Teilnehmern und Lesern ist es Zeit für ein Update, was Sie hiermit in den Händen halten. Mein Ziel dabei war es, die Methode mit Grafiken, Erläuterungen und Beispielen noch greifbarer und damit leichter anwendbar zu machen.

Ich freue mich, damit zu klarer und effizienter Struktur meiner Kunden und Leser beizutragen. Viel Spaß beim Auf-den-Punkt-Kommen in Ihrer Kommunikation!

Ganz besonders möchte ich mich bei Dr. Benjamin Stahl bedanken, welcher mich vor allem bei der Überarbeitung und Neugestaltung des Anwendungsbeispiels Hyper Seal massiv unterstützt hat.

Ihr Johannes Kochs

Einführung: Den Grundgedanken pyramidaler Kommunikation kennen

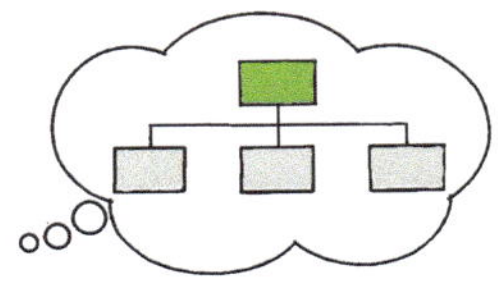

Wie bitte, was?! – Warum es wichtig ist, ergebnis- und empfängerorientiert zu kommunizieren.

Sicher kennen Sie die Situation: Sie sitzen als Zuhörer in einer Präsentation und sind gelangweilt oder haben längst den Anschluss verloren. Oder Sie bekommen eine E-Mail und können nicht ergründen, was der Sender von Ihnen will. Lassen Sie uns noch ein paar Varianten gescheiterter Kommunikation durchspielen:

Die erfolgreiche Durchführung eines Projekts wird vor dem Leitungsgremium präsentiert. Die vortragende Projektleiterin möchte alle bisherigen Erarbeitungsschritte, also den Beitrag ihres Teams, genau zeigen und beginnt detailliert chronologisch die Ergebnisse vorzustellen. Die Zuhörer werden ungeduldig, weil sie die Relevanz der vorgestellten Aspekte nicht erkennen. Sie stellen früh Fragen, die die Projektleiterin erst viel später im Vortrag behandeln wollte, und unterbrechen diese schließlich. Oder, noch schlimmer, sie schweifen ab und hören nicht mehr zu.

Der Produktionsleiter eines mittelständischen Automobilzulieferers erstellt für den Geschäftsführer eine Entscheidungsvorlage zur Anschaffung einer neuen Produktionsmaschine. In dem Dokument finden sich detaillierte technische Angaben sowie Informationen zur Personal- und Materialplanung für den reibungslosen Start der Produktion. Diese Punkte sind für den Geschäftsführer weitestgehend irrelevant, denn sie folgen den Ansprüchen und der Logik des Produktionsleiters. Dagegen fehlen die für den Geschäftsführer entscheidenden Angaben zur Investitionsrechnung. Der Produktionsleiter liefert also eine Fülle von Daten – und arbeitet damit trotzdem an den Bedürfnissen des Geschäftsführers vorbei.

Eine Mitarbeiterin soll eine Präsentation zu ihrem Spezialthema erstellen. Sie kennt sich bestens aus, weiß viele Details, ist für die Aufgabe sehr motiviert, öffnet das Präsentationsprogramm und legt sofort los. Da sie bereits früher einige Dokumente zu dem Thema erstellt hat, fällt es ihr leicht, zügig die Inhalte zu bündeln. Doch trotz ihrer detaillierten Fachkenntnisse wird die Präsentation unübersichtlich. Die unstrukturierte Sammlung von Textblöcken kommt bei den Zuhörenden trotz der Expertise der Mitarbeiterin nicht gut an.

Sie bekommen eine lange E-Mail, überfliegen den ersten Absatz und halten die Nachricht für unwichtig, fragen sich sogar, weshalb sie an Sie geschickt wurde. Nach ein paar Tagen, Sie können sich nur noch dunkel erinnern, erhalten Sie einen Anruf vom Sender, einem Kunden, der dringend auf eine Antwort wartet. Dessen zentrale Frage, auf die Sie reagieren sollten, stand im letzten Absatz der E-Mail. So weit sind Sie beim Lesen gar nicht gekommen.

All diese Szenarien zeigen beispielhaft, was passieren kann, wenn Sie unstrukturiert an eine Kommunikationssituation herangehen.

In beruflicher Kommunikation steht das Ergebnis im Vordergrund

In den letzten Jahren haben sich die Anforderungen an die berufliche Kommunikation stark verändert: Die Informationsflut ist für Mitarbeiter wie Führungskräfte eine zentrale Herausforderung geworden.

Dabei haben Fachkräfte das Bedürfnis, ihre Ergebnisse detailliert und oft in der Reihenfolge der gewonnenen Informationen vorzustellen. Führungskräfte hingegen haben wenig Zeit und wünschen sich eine ergebnisorientierte Präsentation der Erkenntnisse. Eine starke Orientierung an den Bedürfnissen der Empfänger ist notwendig, sonst sind Missverständnisse vorprogrammiert.

Auch der E-Mail-Verkehr nimmt ständig weiter zu. Überquellende Posteingänge führen dazu, dass meist nur noch der Betreff und die ersten Zeilen bezüglich ihrer Relevanz geprüft werden. Wird der direkte Bezug zum Leser nicht sofort klar, so liest dieser nicht weiter. Steht die Kernbotschaft am Ende der E-Mail, nimmt der Leser diese weder wahr noch reagiert er darauf. Die Kommunikation scheitert.

Gerade deshalb ist der entscheidende Erfolgsfaktor, in komplexen Kommunikationssituationen die Gesamtlage schnell überblicken und begleiten zu können. Genau bei dieser Problemstellung setzt das pyramidale Prinzip an. Anstatt von den Details auszugehen und vom Unwesentlichen zum Wesentlichen zu schreiten, beginnt eine Präsentation oder E-Mail mit dem wichtigsten Aspekt für die jeweiligen Empfänger: der Kernbotschaft.

Die pyramidale Methode, mit deren Hilfe eine ergebnis- und empfängerorientierte Kommunikation realisiert wird, baut auf den Ideen von Barbara Minto auf, einer ehemaligen McKinsey-Beraterin.[2] Anfang der 70er Jahre war sie mit neuen Herausforderungen im beruflichen Austausch konfrontiert, welchen sie mit dem pyramidalen Prinzip erfolgreich begegnete. In den letzten Jahren ist das Interesse an der pyramidalen Vorgehensweise auch in Deutschland stark gestiegen.

Definition: Kernbotschaft

Die Kernbotschaft ist die zentrale Hauptaussage, das Kondensat zum Thema. Sie stellt die Spitze der Pyramide und damit den für die Empfänger wichtigsten Punkt dar. Oft ist die Kernbotschaft inhaltlich stark abstrahiert, da konkrete Details auf den späteren Ebenen folgen. Sie steht nicht allein, sondern ist mit untermauernden Informationen und Argumenten gestützt. Sie wird nach den Kriterien zum Formulieren von Botschaften erstellt.

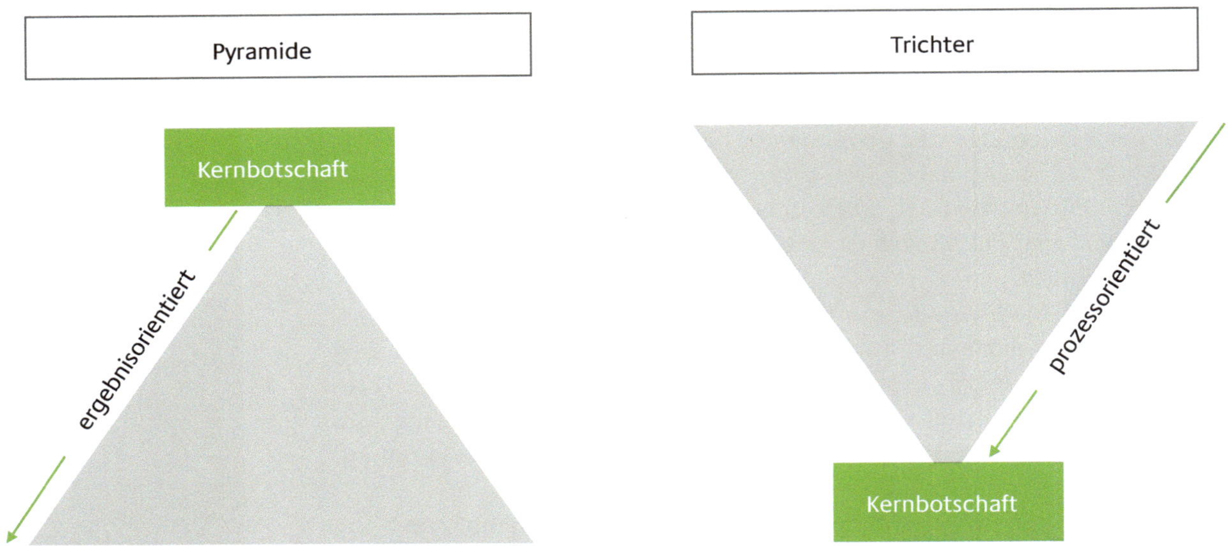

Abb. 1: Die Pyramide beginnt mit dem Wesentlichen, anstatt wie beim Trichtermodell vom Unwesentlichen zum Wesentlichen zu leiten

Die Grafik zeigt den zentralen Unterschied zwischen dem pyramidalen Strukturieren und dem klassischen Trichtermodell, welches aus Schule, Ausbildung und Studium hinlänglich bekannt ist.

Das pyramidale Vorgehen beginnt ergebnisorientiert mit dem Wesentlichen, der Kernbotschaft. Erst danach folgen die unterfütternden Details. Der Empfänger erhält die für ihn relevante Information sofort und kann durch das schrittweise Abnehmen der Wichtigkeit vom Wesentlichen hin zu den Details selbst entscheiden, wann sein Informationsbedarf gestillt ist.

Der Fokus des Trichters hingegen liegt auf der prozessorientierten Herleitung von Ergebnissen – vom Unwesentlichen zum Wesentlichen. Vom Empfänger wird dabei erwartet, intensiv mitzudenken und dabei jeweils die Schlüsse aus den einzelnen Punkten und Argumenten zu ziehen. Dies erfordert ein hohes Maß an Konzentration und wird im Berufsalltag dann ein Problem, wenn diese Schlüsse aufgrund mangelnder Sachkenntnisse nicht mitgetragen werden können oder nicht mit der Sicht des Senders übereinstimmen: Der Empfänger wird abgehängt oder entwickelt eigene Ideen, die in eine andere Richtung gehen, und kann möglicherweise den anschließenden Aussagen nicht folgen.

Pyramidale Kommunikation setzt bei den Erwartungen der Empfänger an

Eine wirkungsvolle Kommunikation für den Empfänger findet dann statt, wenn die Kernbotschaft präzise, effektiv und unmissverständlich vermittelt wird. Die pyramidale Methode ist für jeden Bearbeitungsschritt zur Erstellung einer Präsentation ein wirkungsvolles Instrument, um dieses Kommunikationsziel zu erreichen.

Die pyramidale Methode ist neben Präsentationen und E-Mails auch anwendbar auf alle schriftlichen Dokumente und Entscheidungsvorlagen sowie auf Statements und kurze Vorträge in Meetings, Besprechungen und Konferenzen. Für eine bessere Lesbarkeit wird im Folgenden stellvertretend für die verschiedenen Anwendungsgebiete der Begriff »Kommunikationsanliegen« genutzt. Mögliche Besonderheiten der jeweiligen Kommunikationsformen werden bei den betroffenen methodischen Schritten in diesem Buch gesondert erläutert.

Beim pyramidalen Ansatz wird die Struktur der Kommunikation so gestaltet, dass sie nicht primär von der Perspektive des Senders geprägt, sondern auf die Bedürfnisse und Interessen des Empfängers abgestimmt ist. Nur wenn dies gewährleistet ist, wird die Kernbotschaft angenommen und in das Denken des Empfängers integriert. So erfüllt sich der vom Sender gewünschte Effekt.

Einer negativen Wirkung, wie etwa Unverständnis oder Langeweile beim Vortrag, wird mit der Anwendung der pyramidalen Methode vorgebeugt. Da die Inhalte auf die Fragen und Interessen des Empfängers abgestimmt und nach dessen Informationsbedürfnissen strukturiert sind, wird das Kommunikationsanliegen erreicht. Die Empfänger bleiben konzentriert beim Vortrag, und Präsentationen hinterlassen einen positiven, bleibenden Eindruck.

Hier ein Beispiel aus einer Kommunikation per E-Mail zur Veranschaulichung:

> Hier die Einzelheiten, wie sie dem Schreiber in den Sinn kommen:
> »Markus Becht rief heute an und sagte, dass er die Besprechung um 15:00 Uhr nicht schaffe. Christin Mertens sagt, es mache ihr nichts aus, die Besprechung auf später oder sogar morgen, aber nicht vor 09:30 Uhr, zu verlegen. Der Assistent von Patrick Röder sagt, dass Röder nicht vor morgen Abend aus Berlin zurück sein werde. Der Konferenzraum ist morgen ausgebucht, aber am Freitag frei. Freitag um 12:30 Uhr scheint eine gute Zeit zu sein. Ist das in Ordnung für Sie?« (nach Minto 2005, S. 9)

Der Schreiber geht vom Unwesentlichen zum Wesentlichen und schildert dabei viele für den Empfänger wenig relevante Details. Erst im letzten Satz werden die Kernbotschaft und damit das eigentliche Anliegen vermittelt. Dieses Beispiel zeigt, dass unstrukturierte E-Mails den Leser irritieren, verwirren und im schlimmsten Falle vom Erkennen der wichtigsten Information abhalten.

Strukturiert man die Inhalte nach der pyramidalen Methode, kommt es zur Formulierung der folgenden Nachricht:

> »Wir sollten die Besprechung auf Freitag, 12:30 Uhr, verschieben. Dies passt Becht und Röder besser und ermöglicht es Mertens ebenfalls teilzunehmen. Zudem ist es die einzige andere Zeit, zu der der Konferenzraum frei ist.« (nach Minto 2005, S. 10)

Abb. 2: E-Mail-Beispiel pyramidal strukturiert

In dem pyramidal strukturierten Beispiel hat der Sender den Fokus auf das zentrale Informationsbedürfnis des Empfängers gelegt. Daher ist es beim Lesen der Nachricht zu jedem Zeitpunkt möglich zu erkennen, weshalb welche Information gegeben wird. Die Kernbotschaft (Vorschlag zur Terminänderung) steht am unmittelbaren Anfang, erst danach wird über Details informiert.

Übung A

Bitte überprüfen Sie bei einer E-Mail in Ihrem Postausgang, ob Sie diese bereits intuitiv nach dem pyramidalen Gedanken strukturiert haben. Ordnen Sie die Inhalte gegebenenfalls ergebnisorientiert neu.
Nehmen Sie sich ca. fünf Minuten Zeit.

Wer ist Eva H.? – Warum es wichtig ist, die Sicht des Empfängers zu verstehen – und den Betreff bei E-Mails richtig zu nutzen

Vor einiger Zeit schickte der Teamassistent eines mittelständischen Unternehmens eine Sammel-E-Mail an alle Mitarbeitenden des Standorts:

> Betreff: Eva H. hat einen Tiefgaragenstellplatz
>
> Liebe Kolleginnen und Kollegen,
> Eva hat mich gebeten, folgende Nachricht an Euch weiterzuleiten:
>
> Hallo zusammen,
> ich suche einen Nachmieter für meinen Stellplatz.
> Die Adresse der Tiefgarage lautet Hermannstraße 12a.
> Sie befindet sich ca. 200 m von unserem Büro entfernt.
> Der Mietpreis beträgt 65 € im Monat.
> Ich bin erreichbar unter 0170/87654321 oder per
> E-Mail: eva_h@meinparkplatz.de.
>
> Viele Grüße
> Eva

Aus Sicht meiner Freundin Eva war das Thema klar: Sie hat einen Tiefgaragenstellplatz, den sie untervermieten möchte. Für die Empfänger der Nachricht ist die vom Teamassistenten im Betreff gewählte Botschaft jedoch wenig informativ und unter Umständen verwirrend. Vermutlich denken sie sich beim Lesen des Betreffs: »Wer ist Eva H.?«, »Das ist schön für sie. Was hat das mit mir zu tun?« oder »Das interessiert mich gar nicht«. Es ist fraglich, ob die Empfänger die Nachricht überhaupt öffnen oder gleich löschen.

Ein Betreff, der die Interessen der Zielgruppe aufgreift, könnte lauten: »Tiefgaragenstellplatz in Büronähe zu vermieten«. Die Kolleginnen und Kollegen hätten mit einem Blick auf den Betreff feststellen können, ob die Nachricht für sie relevant ist, ob sie Interesse an einem Tiefgaragenstellplatz haben oder nicht. Sie hätten unmittelbar entscheiden können, ob es sich für sie lohnt, diese Nachricht zu lesen.

Auf die weitergeleitete E-Mail von Eva H. hat sich übrigens niemand gemeldet. Erst ein Aushang in der Nachbarschaft, wahrscheinlich etwas empfängerorientierter verfasst, führte zur erfolgreichen Vermietung.

Vertiefung: E-Mails pyramidal verfassen

Der Betreff einer E-Mail basiert auf deren Kernbotschaft, die auf den Empfänger abgestimmt ist. Die Ergebnisorientierung wird also bereits im Betreff umgesetzt. Zudem muss die Kernbotschaft im Textkörper wiederholt werden, um die Aufmerksamkeit beim Lesen der Nachricht noch einmal konkret darauf zu richten.

Bei der Formulierung empfiehlt es sich darauf zu achten, dass die Absicht des Senders oder die erwartete Reaktion des Empfängers deutlich angekündigt wird. So verweist etwa die Formulierung »Fünf Maßnahmen sind erforderlich« präziser auf eine erwartete Handlung als »Es gibt fünf Maßnahmen«, »Sitzungssaal für das Vorstandstreffen ist organisiert« genauer auf das Anliegen des Senders als »Sitzungssaal für das Vorstandstreffen ist verfügbar«.

Die präzise Formulierung der Kernbotschaft im Betreff gewinnt durch die Verwendung unterschiedlicher Geräte beim Lesen von E-Mails immer mehr an Bedeutung. Werden etwa Nachrichten auf einem Mobiltelefon oder Tablet von unterwegs abgerufen, sind das sichtbare Feld und die Aufmerksamkeit des Empfängers durch die Displaygröße unter Umständen eingeschränkt. Daher gilt es sowohl die Textmenge als auch die Formulierung der Kernbotschaft daran anzupassen.

Unter Umständen kann das Verb der Kernbotschaft weggelassen werden, wenn der Empfänger es eindeutig ergänzen kann. Das gilt nur für Nachrichten, bei denen der Empfänger informieren will, nicht jedoch für Überzeugungs- und Argumentationsanliegen (z. B. statt »Das sind die Unterlagen für das Meeting am Mittwoch« lediglich »Unterlagen für Meeting am Mittwoch«).

Bei E-Mails mit Kürzeln im Betreff die Empfängerorientierung optimieren

Im Betreff kann zusätzlich zur Kernbotschaft ein Akronym oder Kürzel dem Empfänger Orientierung geben, was der Sender mit der Mail bezwecken möchte. Die Kürzel stehen dabei z. B. in eckigen Klammern [EOM] oder vor einem Doppelpunkt. Die folgenden Kürzel stammen aus dem englischsprachigen Raum und haben sich durchgesetzt:

- EOM: »End of message« / n/c: »No content« – Im Betreff steht bereits die gesamte Information als Kernbotschaft, der Textkörper bleibt leer. Das Kürzel steht am Ende des Betreffs.
- FYI: »For your information« / info: / NRE: »no reply expected« – Es wird keine Antwort erwartet.

Zusätzlich bietet es sich bei der Arbeit in (Projekt-)Teams und Abteilungen an, mit gemeinsam festgelegten Kürzeln für mehr Empfängerorientierung zu sorgen. Da es hierfür keinen einheitlichen Standard gibt, sollten Abkürzungen gemeinsam definiert und kommuniziert werden. Die folgenden Vorschläge dienen dafür als Orientierung:

- A / Act: Action, also eine erwartete Handlung
- I: Information und damit keine explizit erwartete Handlung
- D / E: Decision / Entscheidung
- Q / F: Question / Frage
- Dis: Discussion / Diskussion

Der Betreff und die darin enthaltenen Kürzel müssen unter Umständen angepasst werden, wenn ausgehend von der ursprünglichen E-Mail ein längerer Austausch erfolgt. Nur so ist gewährleistet, dass der veränderte Inhalt und daraus resultierende veränderte Handlungsanweisungen bereits im Betreff der Antwort erkennbar sind. Wird etwa bei einer E-Mail an verschiedene Empfänger ein Austausch unter diesem Betreff angestoßen, so muss der Betreff dann abgeändert werden, wenn sich in einer späteren Mail der Schwerpunkt ändert.

Ein Austausch zum Thema Büroumzug in neue Räume startet z. B. unter »Bitte Rückmeldung zur Büroaufteilung bis 31.01. geben«. Führt die Kommunikation in der Folge zum Thema Möbel und deren Anschaffung, wird der Betreff abgeändert zu »Bitte Bedarf für Büromöbel bis 15.02. rückmelden«.

Ein anderes Beispiel betrifft die Abkürzung [EOM]. Wird darauf geantwortet, kann es passieren, dass der Empfänger durch das Kürzel keinen Inhalt in der Mail erwartet und diese möglicherweise überspringt oder überliest.

Durch die Anpassung des Betreffs wird zwar die Konversation nicht mehr unter dem ursprünglichen Begriff im E-Mail-Programm sortiert, dafür wird die Empfänger- und Ergebnisorientierung jedoch aufrechterhalten.

Betreff: Kernbotschaft (gekürzt)

Begrüßung

Optional: Einleitung, maximal 1–2 Sätze

Kernbotschaft

Optional: Wegweiser mit kurzer Nennung der Hauptpunkte (hier: 3)
- Hauptpunkt 1
- Hauptpunkt 2
- Hauptpunkt 3

Abschluss, ggf. Wiederholung der Kernbotschaft

Abb. 3: Gliederungsschema für eine pyramidal gestaltete E-Mail

- Betreff: Kürzen Sie die Kernbotschaft, sodass diese neugierig macht und den Inhalt auf den Punkt bringt.
- Begrüßung: Sprechen Sie den Empfänger mit einer personalisierenden Begrüßung an.
- Einleitung: Optional können Sie mit einer knappen Einleitung zur Kommunikation hinführen. Nutzen Sie dafür maximal zwei Sätze.
- Kernbotschaft: Wiederholen Sie die Kernbotschaft, diesmal ungekürzt als ausformulierten Satz.
- Wegweiser: Fassen Sie die Hauptpunkte in einem Satz zusammen, um eine Übersicht über alle in der E-Mail enthaltenen zentralen Inhalte zu geben. (Ein Wegweiser nach der Kernbotschaft ist nicht erforderlich, wenn die Übersicht über die folgenden Hauptpunkte bereits mit der Kernbotschaft erfüllt ist. So wird z. B. mit »Die Mitarbeiter der HR-Abteilung erhalten Schulungen zu den Themen Feedbackgeben, Medieneinsatz und Excel« bereits angekündigt, dass diese drei Punkte in der weiteren Untergliederung folgen.)

- Hauptpunkte: Führen Sie die zentralen Inhaltspunkte auf, optisch hervorgehoben durch Aufzählungszeichen oder in getrennten Absätzen. Detaillieren Sie die Punkte je nach Bedarf unterschiedlich tief.
- Abschluss: Bei langen E-Mails können Sie zur Sicherheit die Kernbotschaft noch einmal wiederholen, bevor Sie mit Gruß und Signatur abschließen.

Die pyramidale Methode bietet klare Vorteile für Sender und Empfänger

Das E-Mail-Beispiel aus dem vorigen Kapitel stellt den maßgeblichen Vorteil der pyramidalen Struktur dar: Informationen sind ergebnis- und empfängerorientiert geordnet. So wird das Kommunikationsziel erreicht.

Nutzen der pyramidalen Methode – Ergebnisorientierung:
- Sie kommunizieren präzise und ergebnisorientiert und treffen damit die Erwartungen von Führungskräften in der beruflichen Kommunikation.
- Sie sparen Zeit bei der Erstellung Ihrer Dokumente durch die klare pyramidale Struktur.
- Sie ermöglichen es dem Empfänger, sich auch bei Zeitknappheit schnell und umfassend zu informieren.

Nutzen der pyramidalen Methode – Empfängerorientierung:
- Sie holen Ihre Empfänger bei deren Erwartungen ab.
- Sie befriedigen zu Beginn, dem Zeitpunkt der höchsten Aufmerksamkeit der Empfänger, das zentrale Informationsbedürfnis.
- Sie erleichtern es Ihren Empfängern, auch komplexen Inhalten und Argumenten dank einer klar nachvollziehbaren Struktur zu folgen.
- Sie ermöglichen, dass Ihre Empfänger schnelle und präzise Entscheidungen anhand Ihrer Informationen treffen können.

Pyramidales Strukturieren ist für verschiedene Kommunikationssituationen nutzbar

Die pyramidale Methode ist neben Präsentationen und E-Mails auch anwendbar auf alle schriftlichen Dokumente und Entscheidungsvorlagen sowie auf Statements und kurze Vorträge in Meetings, Besprechungen und Konferenzen.

Mit klaren Botschaften kommunizieren

(K)eine gute Freundin – Warum es wichtig ist, mit klaren Botschaften zu kommunizieren

Die kleine Anna ist von ihrer Freundin Lisa sehr enttäuscht. Nach der Schule tippt sie in ihrem Smartphone folgende Nachricht ein:

> »Erinnerst du dich noch an letzten Freitag, als ich mit meinem Freund im Stadtpark unterwegs war? Du bist vorbeigekommen, und er hat mir später erzählt, dass du ihn geküsst hast, als ich mich kurz abgewandt habe. Und am Samstag hast du mich zu Hause besucht. Meine Mutter hatte zum Mittagessen einen Thunfischsalat gemacht. Du hast gesagt: ›Pfui. Das ist der schlechteste Salat, den ich jemals gegessen habe.‹ Und gestern, als meine Katze um deine Beine gestrichen ist, hast du nach ihr getreten und gedroht, deine Dogge Rambo auf sie zu hetzen.
>
> Wegen all dieser Sachen möchte ich dir mitteilen, dass ich dich hasse und nicht mehr deine Freundin sein will.«

Mit dieser Version ist Anna nicht zufrieden. Sie erinnert sich, dass sie in der Bücherei ein Buch über pyramidales Strukturieren durchgeblättert hat. Anna ist ein kluges Kind und beschließt spontan, die Methode für ihre Nachricht an Lisa zu nutzen. Also schreibt sie ihre wesentlichen Gedanken noch einmal auf Haftnotizen und ordnet diese neu an:

Schließlich schickt Anna die folgende Nachricht an Lisa:

»Liebe Lisa,
ich hasse dich und möchte nicht mehr deine Freundin sein.
Dafür gibt es drei Gründe:
Du hast meinen Freund geküsst.
Du hast meine Mutter beleidigt.
Du hast meine Katze getreten.«

(Geschichte nach Zelazny 2002)

Definition: Botschaft

Im Folgenden steht das Wort »Botschaft« für ein zentrales Strukturelement in der pyramidalen Methode, welches für alle Folgeschritte die Grundlage darstellt. Der Begriff Botschaft umfasst Aussagen, Statements etc. und wird hier stellvertretend genutzt.

Klare Aussagen in Form von Botschaften für die Empfänger leicht verständlich verfassen

Die Formulierungsgrundsätze für Botschaften gelten für jede Aussage, die im Prozess der pyramidalen Strukturierung gefunden wurde, also auch für die Kernbotschaft, auf die in einem gesonderten Kapitel näher eingegangen wird.

Die Formulierung als Botschaft

- erleichtert das Verständnis der Empfänger durch eine griffig-präzise Formulierung in ganzen Sätzen.
- gibt eine direkte Orientierung auf jeder einzelnen Präsentationsfolie. Die im Titel eingefügte Botschaft fasst die Aussage der gesamten Folie zusammen. Das gilt für mündliche wie schriftliche Präsentationen.
- bildet das Grundgerüst für das Erstellen einer Storyline, der logischen Strukturfolge von Informationen. Auf diese wird in einem späteren Kapitel eingegangen.

Botschaften nach drei Kriterien formulieren

1. Mit Verben Aussagen treffen

Bei allen Botschaften ist entscheidend, dass sie ein Verb enthalten. Das Verb ist das Prädikat, die Satzaussage. Im Optimalfall sind die Botschaften als grammatikalisch korrekte Sätze formuliert. Beispiel: »Der Projektworkshop wird am 17.09. durchgeführt.«

Vermeiden Sie Schlagwörter (z. B.: Projektstatus; Kosten), da diese keine Aussage enthalten und daher weder Orientierung noch neue Informationen bieten. Auch auf Substantivierungen, also Verben in der Form von Hauptwörtern, sollten Sie für ein erleichtertes Verständnis bewusst verzichten. Diese sind zu vage und bleiben damit interpretierbar. Erst mit einem aussagekräftigen Verb wird die Absicht des Schreibers transportiert.

Beispiel mit Substantivierung: »Ableitung von Maßnahmen«. Hier ist die Tendenz nicht klar erkennbar: Wie ist die »Ableitung von Maßnahmen« zu bewerten? Ist sie erforderlich? Soll sie durchgeführt werden? Besser – Beispiel mit Verb: »X Maßnahmen sind erforderlich.«

Besteht die Kommunikationsabsicht darin, zu informieren, können Verben weggelassen werden, vor allem Hilfsverben (»haben« und »sein«, z. B. »Wir haben entschieden«) und Modalverben (»müssen«, »mögen«, »sollen«, »wollen«, »können«, »dürfen« etc.). Diese kann der Empfänger je nach Kontext selbstständig ergänzen. Bei Argumentations- oder Überzeugungsvorhaben ist jedoch stets ein Verb erforderlich, um das Kommunikationsziel des Senders nicht zu verfehlen.

Feinschliff: Passende Verbformen nutzen

Konkrete, eindeutig verständliche Aussagen bestehen aus Subjekt (Satzgegenstand) und Prädikat (Satzaussage) in Form eines Verbes. Mit dem Prädikat wird die Handlungsmotivation bzw. Aufforderung ausgesprochen, daher ist dessen präzise Bestimmung sehr wichtig. Das Verb transportiert demnach den größten Gehalt einer Aussage und sollte möglichst prägnant gewählt und richtig eingesetzt werden. Die folgenden Hinweise sind für Auswahl und Einsatz der Verben hilfreich:

- **Aktivformulierungen nutzen**
  Diese haben den Vorteil, dass das Verb zumeist einteilig ist und der Empfänger die Botschaft direkter wahrnimmt als bei Passivformulierungen. Geht es also darum, eine konkrete Handlungsmotivation anzuregen, sind Aktivformulierungen vorzuziehen.

  Beispiel 1:
  »Die Materialkosten sollen gesenkt werden.«
  Besser: »Materialkosten senken.«

  Beispiel 2:
  »Durch die Information über vier Kanäle werden alle Reisenden informiert und der Erfolg der Aktion wird gesichert.«
  Besser: »Über vier Kanäle informieren wir alle Reisenden und sichern den Erfolg der Aktion.«

- **Einfache Verbformen verwenden**
  Sie sind leichter und schneller erfassbar als mehrteilige Verben. Daher sollten mehrteilige Verben mit Bedacht eingesetzt und besser durch eine knappere Formulierung ersetzt werden. Falls jedoch ein mehrteiliges Verb die Aussage am präzisesten trifft, ist darauf zu achten, dass die Teile möglichst nah beieinanderstehen. Die maximale Entfernung sollte sechs Silben oder sehr kurze Wörter nicht überschreiten, da ansonsten die Verständlichkeit der Aussage nicht mehr gewährleistet ist.[3]

  Beispiel:
  »Produktionslinie fährt mit neuer Belegschaft an.«
  Besser: »Produktionslinie startet mit neuer Belegschaft.«
  Oder (mehrteiliges Verb nah beieinander): »Produktionslinie fährt an mit neuer Belegschaft.«

2. Kurz, aber präzise formulieren[4]

Die Herausforderung, kurz und gleichzeitig präzise zu formulieren, liegt darin, nicht aus erstem Impuls heraus das Verb wegzulassen. Inhaltsstarke Botschaften basieren auf der im Verb enthaltenen Information, welche die Handlung weist. Knappe Sätze wirken in manchen Kommunikationssituationen zu direkt oder sogar unhöflich. Wägen Sie z. B. bei E-Mail-Betreffs ab, ob Sie etwa ein »bitte« vor die Botschaft setzen um eine erwartete Handlung trotz aller Klarheit und Direktheit höflich zu platzieren. Das »Bitte« zeigt dem Empfänger zudem direkt, dass Sie von ihm eine Handlung erwarten.

Präzise formulieren Sie mit knappen Verbformen. Verzichten Sie daher auf Hilfsverben und Konjunktive, unnötige Adjektive und Redundanzen.

- Beispiel für unpräzise Formulierung: »Änderungen müssen im Buchungsprozess hervorgehoben werden.«
  Besser – Beispiel mit präziser Verbform: »Änderungen im Buchungsprozess hervorheben« (als Imperativ) oder »Änderungen sind im Buchungsprozess hervorzuheben« (z. B. als Beschreibung eines Standardprozesses).
- Beispiel für unnötige Adjektive: »Sämtliche Änderungen im Buchungsprozess hervorheben«.
  Besser – Beispiel mit kurzer eindeutiger Formulierung ohne Adjektiv: »Änderungen im Buchungsprozess hervorheben«.
- Beispiel für Redundanzen: »Bitte entschuldigen Sie die leider entstandenen Unannehmlichkeiten.«
  Besser: »Bitte entschuldigen Sie die Unannehmlichkeiten.«
- Beispiel für Redundanzen: »Jeden versandten Brief immer im Protokoll vermerken«.
  Besser: »Jeden versandten Brief im Protokoll vermerken«.

Greifen Sie außerdem bei Ihren Botschaften nicht vor. Bleiben Sie bei der wesentlichen Aussage. Notwendige sich anschließende Punkte folgen in einem nächsten Schritt direkt unter der Botschaft. Für die Empfänger folgen diese unmittelbar.

Beispiel für Vorgreifen: »Änderungen im Buchungsprozess hervorheben, um diese für die Beteiligten transparenter darzustellen, Fehlerquellen zu vermeiden und das Projektmonitoring zu erleichtern«.

Besser – Beispiel mit vorgelagerter Hauptinformation: »Änderungen im Buchungsprozess hervorheben«. Unter der Botschaft folgen dann die Punkte: »Änderungen werden für die Beteiligten transparenter dargestellt«, »Fehlerquellen werden vermieden« und »Das Projektmonitoring wird erleichtert«. Erst in einem zweiten Schritt folgen die weiteren Punkte. Dieses logische Gruppieren wird in Kapitel 4 detailliert beschrieben.

Feinschliff: Auf das Wesentliche fokussieren

Kurze Hauptsätze sind für die Empfänger am leichtesten zu verstehen. Daher sollten Sie kurze Hauptsätze gegenüber Nebensatzkonstruktionen bevorzugen. Die wichtigste Aussage sollte als Hauptsatz knapp mit Subjekt und Prädikat formuliert sein. Die folgenden Hinweise sind für die Formulierung von Botschaften nützlich:

- **Die Hauptaussage einer Botschaft nicht in einem Nebensatz nennen**
  Vor allem Satzgefüge, bei denen der Nebensatz mit »dass« eingeleitet wird, suggerieren dessen Nachrangigkeit.[5]

  Beispiel:
  »Die Quartalszahlen zeigen, dass der Umsatz um 5 Prozent gesunken ist.«
  Besser: »Der Umsatz ist laut Quartalszahlen um 5 Prozent gesunken.«

- **Wichtige Wörter oder Satzteile an exponierter Stelle positionieren**
  Dies kann z. B. am Satzanfang oder am Satzende sein. Dort werden sie vom Empfänger mit mehr Aufmerksamkeit wahrgenommen, als wenn sie inmitten der Formulierung stehen.

  Beispiel:
  »Die Quartalszahlen zeigen, dass der Umsatz um 5 Prozent gesunken ist.«
  Beim obigen Satz liegt die Aufmerksamkeit auf »Quartalszahlen«, jedoch ist die Information zum Umsatzrückgang die wichtigere.
  Besser: »Der Umsatz ist laut Quartalszahlen um 5 Prozent gesunken.«

- **Die Hauptaussage einer Botschaft bildet das Subjekt**
  Sie sollte nicht als Nebeninformation in Form eines Objekts formuliert sein. Es ist darauf zu achten, dass nur eine Botschaft pro Aussage vermittelt wird. Werden mehrere Botschaften in einer Formulierung zusammengefügt, werden diese nicht als gleichwertig wahrgenommen, sondern entsprechend dem Satzgefüge in eine möglicherweise falsche Rangfolge oder Abhängigkeit gebracht.

  Beispiel 1:
  »Die Prüfung der Planzahlen durch den Vorstand erfolgt bis zum 30.01.«
  Besser: »Der Vorstand prüft die Planzahlen bis zum 30.01.«

Beispiel 2:
»Die Produktion ist von einer Kostensteigerung durch hohen Personalaufwand betroffen.«
Besser: »Hoher Personalaufwand führt zu Kostensteigerung in der Produktion.«

- **Möglichst knapp formulieren**
  Je knapper eine Formulierung ist, umso schneller kann sie der Empfänger erfassen und umso klarer kann er den Inhalt wieder abrufen. Folgende Hinweise sind für möglichst kurze Aussagen hilfreich:

  - **Unnötige Worterweiterungen vermeiden, stattdessen kurze Wörter verwenden**[6]
    Beispiel 1:
    »Drei Erweiterungsmöglichkeiten sind realisierbar.«
    Besser: »Drei Erweiterungen sind realisierbar.«

    Beispiel 2:
    »Drei Zielsetzungen festlegen.«
    Besser: »Drei Ziele festlegen.«

  - **Überflüssige Adjektive vermeiden**[7]
    Beispiel:
    »Der Umsatz fällt erkennbar um 7 Prozent.«
    Besser: »Der Umsatz fällt um 7 Prozent.«

  - **Füllwörter vermeiden**
    Beispiel:
    »Vier Verbesserungsmaßnahmen werden also abgeleitet.«
    Besser: »Vier Verbesserungen werden abgeleitet.«

  - **Verneinungen vermeiden, stattdessen klar formulieren**[8]
    Beispiel:
    »Produktionsablauf muss nicht verändert werden.«
    Besser: »Produktionsablauf bleibt gleich.«

3. Quantifizieren, wenn möglich

Zahlen und Daten machen Botschaften konkreter und für die Empfänger besser greifbar. Beispiel: »Der Projektworkshop ist für den 17.09. geplant.« Die Planung des Workshops wird erst durch das Datum konkret.

Beispiel ohne Quantifizierung: »Wir haben im letzten Quartal Verlust gemacht.« Diese Aussage ist noch nicht quantifiziert.

Besser – Beispiel mit Quantifizierung: »Wir haben im letzten Quartal einen Verlust von 12 Prozent gemacht.«

Nicht immer ist die Festlegung auf konkrete Zahlen möglich. Schätzwerte sollten demnach als solche genannt werden. Geben Sie nicht genau definierbare Quantifizierungen z. B. auch als Spektrum an. Auch qualitative Aussagen können oftmals quantifiziert werden.

Beispiel ohne qualitative Quantifizierung: »Mit verschiedenen Maßnahmen werden wir den negativen Trend stoppen.« In diesem Beispiel wird die Botschaft nicht durch konkrete Zahlen und Daten quantifiziert. Steht jedoch die Anzahl der Maßnahmen fest, so kann auch hier die Aussage für die Empfänger präzisiert werden.

Besser – Beispiel mit qualitativer Quantifizierung: »Mit vier Maßnahmen werden wir den negativen Trend stoppen.«

Feinschliff: Zahl ist nicht gleich Zahl

Eine Aussage wird durch Quantifizierung präziser. Sie sollte daher nach Möglichkeit bei den Botschaften ergänzt werden. Für den richtigen Einsatz von Quantifizierungen sind folgende Hinweise hilfreich:

- **Gleichen Grad an Präzision wählen**
  Bei allen Aussagen innerhalb einer logischen Gruppe sollte der gleiche Grad an Präzision erreicht sein. Das heißt, dass alle Teilaussagen mit der gleichen Art der Quantifizierung ausgestatten sein sollten.

  Beispiel 1:
  »Der Umsatz bei regionalen Produkten steigt um 7 Prozent.
  Der Umsatz bei Bioprodukten steigt um 10 000 Euro auf 110 000 Euro.«
  Besser: »Der Umsatz bei regionalen Produkten steigt um 7 Prozent.
  Der Umsatz bei Bioprodukten steigt um 10 Prozent.«

Beispiel 2:
»Das Gemüsesortiment wird erweitert um fünf Sorten.
Das Obstsortiment wird erweitert um 25 Prozent.«
Besser: »Das Gemüsesortiment wird erweitert um fünf Sorten.
Das Obstsortiment wird erweitert um vier Sorten.«

- **Konkret formulieren**
  Je weniger abstrakt die Formulierung ist, umso leichter können die Empfänger die Information einordnen. Eine konkrete, kleine Zahl in Relation gesetzt ist leichter zu erfassen als Prozentangaben, ausformulierte Angaben leichter als Dezimalangaben[9] (siehe dazu auch Heath & Starr 2022, welche sich intensiv mit der leicht verständlichen Übersetzung von Zahlen beschäftigen).

  Beispiel 1:
  »Nur 3 Prozent der Mitglieder stimmten ab.«
  Besser: »Nur sechs von zweihundert Mitgliedern stimmten ab.«

  Beispiel 2:
  »Die Ausfallquote bei den Schwimmreifen liegt nur noch bei 0,5 Prozent.«
  Besser: »Nur noch fünf von eintausend Schwimmreifen sind defekt.«

Übung B

Bitte formulieren Sie die folgenden Überschriften in Botschaften um. Ziel der Übung ist es, die Botschaften nach den oben genannten Kriterien zu formulieren.

Hinweise:
- Überlegen Sie sich für jede Überschrift eine Situation, um die Kernbotschaften präzisieren zu können.
- Nutzen Sie Verben.
- Formulieren Sie kurz, aber präzise.
- Quantifizieren Sie die Aussagen, wenn möglich.

Nehmen Sie sich ca. zehn Minuten Zeit. Beispiellösungen finden Sie am Ende des Buches.

Überschriften	Botschaften
Ausgaben 2. Quartal	
Zeitplan Markteinführung	
Projektziel	
Neue Softwareversion	
Produktivitätssteigerung letzter Monat	

Vorsicht: Botschaften werden bei pyramidal gestalteten Präsentationen im Folientitel als ganze Sätze ausgeschrieben. Auf der restlichen Fläche (Folienkörper) der Folie werden sie aber weder als Fließtext noch ungekürzt mit Aufzählungszeichen verwendet.

Soll auf einer Folie Text genutzt werden, so geschieht dies in verknappter Form als Bullet Points bzw. Stichpunkte (siehe Kapitel 7.4).

↗ 1 Pyramidales Strukturieren – die Kommunikation von den Empfängern ausgehend erarbeiten

Nachdem nun die Ergebnis- und die Empfängerorientierung als Grundgedanken bekannt und Botschaften als Rückgrat der pyramidalen Methode eingeführt sind, werden die einzelnen methodischen Schritte erläutert, nach denen die Kapitel gegliedert sind.

In Teil 1 »Pyramidales Strukturieren – die Kommunikation vom Empfänger ausgehend erarbeiten« werden die Methodenschritte 1 bis 5 behandelt, um einen pyramidalen Aufbau mit logischer Storyline zu erreichen.

In Teil 2 »Pyramidales Visualisieren – schrittweise die pyramidale Struktur in einer Präsentation umsetzen« werden die darauf aufbauenden Methodenschritte 6 bis 10 erläutert. Mit diesen wird die empfänger- und ergebnisorientierte Gestaltung einer pyramidalen Struktur zu einer Präsentation ermöglicht.

Verwenden Sie für den größten Teil der folgenden Übungen ein eigenes Beispiel aus Ihrem Berufskontext, um die Methode bestmöglich zu verinnerlichen und direkt beim Lesen den Bezug zur eigenen Arbeitsrealität herzustellen. Die Übungen bauen jeweils auf den Erkenntnissen der Vorübung auf und leiten Sie Stück für Stück durch die pyramidale Methode.

Zur weiteren Verdeutlichung finden Sie zu jedem Methodenschritt das Anwendungsbeispiel der Firma Hyper Seal. Die einzelnen Abschnitte des Anwendungsbeispiels bauen analog zum Fortschritt der Methode aufeinander auf.

Methodenschritte 1 bis 5: Pyramidales Strukturieren

1. **Eigene Ziele festlegen und die eigene Perspektive gedanklich fixieren → S. 34**

2. **Sich in die Perspektive und Bedürfnisse der Empfänger eindenken → S. 39**

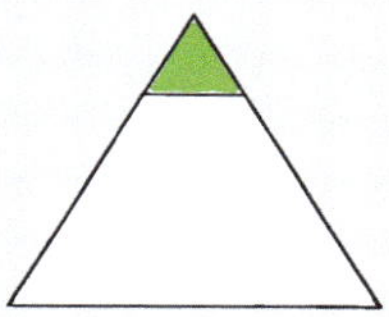

3. **Mit der Analyse von Situation, Komplikation und zentraler Frage des Empfängers die Kernbotschaft erarbeiten (SKFK-Methode) → S. 52**

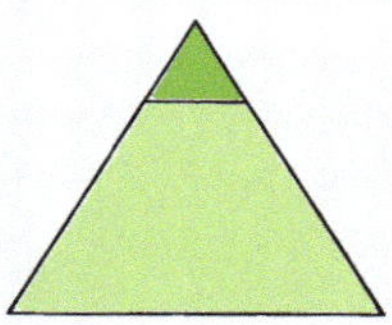

4. **Die Kernbotschaft mit logischen Gruppen und logischen Ketten untermauern → S. 67**

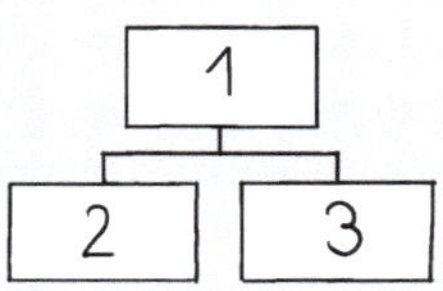

5. **Mit der pyramidalen Struktur Storyline und Inhaltsverzeichnis erstellen → S. 108**

1. Eigene Ziele festlegen und die eigene Perspektive gedanklich fixieren

Am Beginn der Anwendung der pyramidalen Methode steht zunächst, sich als Sender den eigenen Standpunkt bewusst zu machen und diesen von der Sicht, den Anforderungen und Wünschen der Empfänger zu trennen.

Das Ziel bei der anschließenden Empfängeranalyse und dem Perspektivwechsel ist es, das Thema mit den Augen der Empfänger zu betrachten und so deren Bedürfnisse zu erkennen und nachzuvollziehen. Dadurch wird es möglich, die zentrale Frage der Empfänger zum Thema abzuleiten, die in der Kommunikationssituation im Vordergrund steht. Nur so kann im nächsten Schritt eine maßgeschneiderte Kernbotschaft formuliert werden, die auf das Informationsbedürfnis des Empfängers abgestimmt ist.

Die Kenntnisse aus Empfängeranalyse und Perspektivwechsel werden nicht nur für das Erarbeiten und die Formulierung der Kernbotschaft verwendet, sondern dienen der Empfänger- und Ergebnisorientierung auf allen Ebenen der pyramidalen Kommunikationsstruktur. Vor allem bei kritischen Punkten ist es für einen gewinnbringenden Austausch unerlässlich, die Perspektive des Empfängers verstanden zu haben und darauf eingehen zu können.

Um beim Perspektivwechsel nicht in Konflikt mit den eigenen Zielen zum Thema zu kommen, werden diese vorher bewusst niedergeschrieben und damit gedanklich fixiert. So haben Sie die eigene Sicht verinnerlicht und gehen gedanklich unvoreingenommen in den Wechsel der Perspektive. Sie trennen damit bewusst Ihre eigenen Gedanken und Ziele zum Thema von denen der Empfänger und können deren Bedürfnisse im darauffolgenden Schritt klar herausarbeiten. Erst bei der Formulierung der Kernbotschaft werden die eigenen Ziele mit den Ergebnissen aus dem Perspektivwechsel zusammengeführt.

Je nach Kommunikationskontext können unterschiedliche Ziele im Vordergrund stehen (nach Hackenberg et al. 2011, S. 83):

- Informieren
- Überzeugen, z. B.
  - Zur Handlung anregen
  - Bedenken und Widerstand neutralisieren
  - Verständnis und Begeisterung aufbauen
  - Einigkeit erzielen

Informieren bedeutet die reine Weitergabe von Sachverhalten ohne argumentative Absicht, z. B. wenn eine Fachkraft aus dem Controlling die Quartalszahlen vorstellt.

Überzeugen erfolgt mit der Absicht, die Haltung der Empfänger zu einem Thema mit Sachinformationen und Argumenten zu verändern, z. B. wenn eine Führungskraft aufgrund der negativen Quartalszahlen Maßnahmen vorstellt, die eine positive Veränderung herbeiführen sollen.

Grundsätzlich sollte ein Teilziel sein, einen positiven Eindruck zu erwecken und professionell aufzutreten. Dies ist entscheidend, um eine vertrauensvolle Basis für die Kommunikation zu schaffen.

Übung C

Wählen Sie für die folgenden Übungen ein eigenes Thema für Präsentationsvorhaben aus. Ziel dieser Übung ist, die eigene Perspektive und damit die eigenen Ziele festzulegen, um für die nachfolgende Empfängeranalyse und den Perspektivwechsel offen zu sein.

Dieses Thema werden Sie im Verlauf des Buches weiter strukturieren und auf Ihre Zielgruppe hin maßschneidern, bis hin zur Erstellung der dazugehörigen Präsentationsfolien.

Daher ist es sinnvoll, ein für Sie relevantes Anliegen auszuwählen. Es sollte Ihnen gut bekannt sein und ausreichend Material zur gedanklichen Strukturierung und Vorbereitung bieten. Wenn Sie ein konkret anstehendes Anliegen haben, welches Sie ohnehin demnächst präsentieren müssen, dann wählen Sie dies gerne aus.

Gut eignen sich Themen, bei denen jemand überzeugt werden soll, bei denen Veränderungen kommuniziert werden oder bei denen z. B. eine neue Idee überzeugend vorgetragen werden soll.

Die Zielgruppe sollten Sie dabei so konkret wie möglich definieren können, um so die sich anschließende Empfängeranalyse und den Perspektivwechsel anwenden zu können.

Notieren Sie zu Ihrem Thema

- Ihr Hauptziel
- Ihre Teilziele

Wollen Sie hierzu

- informieren?
- überzeugen? Zum Beispiel
  - zur Handlung anregen
  - Widerstand neutralisieren
  - Verständnis aufbauen
  - Einigkeit erzielen

Hinweise:

- An dieser Stelle geht es um die Festlegung Ihrer Ziele, noch nicht um die endgültige Strukturierung Ihrer Präsentation.
- Formulieren Sie Ihre Ziele so präzise wie möglich in ganzen Sätzen mit Verb, nicht in Schlagworten.
- Wenn Ihnen an dieser Stelle bereits wichtige Punkte und Argumente zum Kommunikationsvorhaben einfallen, halten Sie diese schriftlich fest.

Nehmen Sie sich ca. zehn Minuten Zeit.

Anwendungsbeispiel »Hyper Seal« zur Veranschaulichung der eigenen Ziele

Die Ausgangslage

Herr Jonas Bäcker leitet ein fach- und abteilungsübergreifendes Projektteam bei der Firma Hyper Seal. Sein Team soll Lösungen und Strategien erarbeiten, damit sich Hyper Seal auch zukünftig gegen die erstarkende Konkurrenz durchsetzen kann.

Die Hyper Seal GmbH ist Marktführer für Mehrweg-Thermobecher mit hundert Prozent sicherem Verschluss für heiße und kalte Getränke. Die Umsatzzahlen sind seit zwei Jahren rückläufig. Dies wird vor allem auf den Konkurrenten DrinkNGo zurückgeführt, der seinen Marktanteil im selben Zeitraum stark erhöht hat.

Zwar ist Hyper Seal nach wie vor Marktführer, aber dieser Status sowie die Umsätze sind gefährdet. Daher hat die Geschäftsführerin Marlene Grün ein Projekt initiiert, um gegenzusteuern. Für die Lösungssuche wurde eine Marktanalyse über ein Beratungsunternehmen eingeholt sowie interne Erhebungen durchgeführt. Diese Ergebnisse wurden dem Führungskreis bereits präsentiert und haben klar gezeigt, dass DrinkNGo sich vor allem über ein intensiveres Online-Marketing als auch über die individuell anpassbaren Thermobecher von Hyper Seal unterscheidet.

Im Vorfeld des Projekts wurde bereits mit verschiedenen Maßnahmen versucht, den Umsatzrückgang zu verhindern, jedoch ohne Erfolg. Mit einer Senkung von 15 Prozent wurden die Preise an das Niveau von DrinkNGo angepasst. Frau Grün lehnt es ab, den Verkaufspreis noch weiter zu reduzieren, da die Marge bereits am unteren Limit ist. Weiterhin wurden die Produktionsanlagen im letzten Jahr auf den aktuellsten Stand der Technik gebracht, ebenso die Prozesse bei der Herstellung optimiert. Hyper Seal wie auch DrinkNGo produzieren in Deutschland, wo jeweils auch der Firmensitz liegt.

Das Produkt

Die Mehrweg-Thermotrinkbecher verfügen über den patentierten Verschluss Hyperseal, der zu 100 Prozent dicht ist. Mit nur einer Hand kann der Becher zum Trinken geöffnet werden.

Eine Spezialisolierung hält den Inhalt bis zu sechs Stunden heiß oder kalt. Die Becher sind einfach zu reinigen und in drei Größen erhältlich. Der Thermotrinkbecher besteht aus Edelstahl sowie BPA-freiem Kunststoff.

Die Aufgabe von Jonas Bäcker

Jonas Bäcker soll die Ergebnisse seines Teams in einer Präsentation vorstellen. Anwesend werden neben der Geschäftsführerin Marlene Grün auch der Marketingleiter Fernando Gomez sowie der Produktionsleiter Heribert Schmidt sein.

Die Geschäftsführerin wünscht, dass sich das Projektteam bei der Lösungssuche an den bereits bekannten Maßnahmen des Konkurrenten DrinkNGo orientiert.

Profil Jonas Bäcker

Der Projektleiter Jonas Bäcker ist 43 Jahre alt. Nach dem Studium zum Wirtschaftsingenieur hat er in zwei Unternehmen Berufspraxis gesammelt, bevor er vor drei Jahren bei Hyper Seal als Projektleiter eingestellt wurde.

Bei der anstehenden Präsentation möchte Jonas Bäcker die Teilnehmer überzeugen. Er notiert sich folgende Ziele:

Hauptziel aus dem Projektauftrag

- Akzeptanz für die Lösungen zur Stabilisierung des Umsatzes und den Erhalt der Marktführerschaft erreichen

Teilziele

- Entscheidungen für erarbeitete Maßnahmen erreichen
- Handlungsbedarf und Dringlichkeit herausstellen
- Alle Teilnehmer ins Boot holen und von den Maßnahmen überzeugen
- Für Innovationen werben, auch bei möglichen Widerständen einzelner Teilnehmer
- Sich selbst für zukünftige Aufgaben und Positionen als kompetent und motiviert in Szene setzen

2. Sich in die Perspektive und Bedürfnisse der Empfänger eindenken

E-Mail-Pingpong – Warum es wichtig ist, die Bedürfnisse des Empfängers mitzudenken

Mit einer Kollegin hatte ich ein Meeting zu einem gemeinsamen Projekt am nächsten Vormittag um 9 Uhr ausgemacht. Da mir für die thematische Vorbereitung die Zeit zu knapp wurde, wollte ich sie um einen späteren Termin bitten. Ich sah in unserem gemeinsamen Onlinekalender, dass meine Kollegin für den kommenden Nachmittag nichts eingetragen hatte. Ein halber Arbeitstag würde mir für die nötige Vorbereitung ausreichen. Ich setzte also eine E-Mail auf. Im Betreff schrieb ich: »Lass uns das Meeting morgen auf 14 Uhr verschieben.« Während ich die Gründe für die Terminänderung im E-Mail-Text sammelte, kam mir der Gedanke, dass es so ausführlich gar nicht nötig ist. Meine Kollegin kennt mich gut, und ich könnte ihr beim Treffen die Ursachen erzählen. Ich löschte also das Textfeld. Als Ergänzung tippte ich »[EOM]« für End of Message hinter den Betreff und schicke die E-Mail ab. (Ping)

Eine halbe Stunde später las ich ihre Antwort: »Lieber Johannes, gerne können wir den Termin auf 14 Uhr verschieben. Was genau hast du denn vormittags noch vor? Ich habe in deinem Kalender gesehen, dass noch Prüfungen an der Schauspielschule stattfinden. Bist du etwa als Prüfer eingeteilt? Oder verschiebt sich dein Telefontermin von 8 Uhr? Brauchst du dafür noch Zeit?« (Pong)

Natürlich habe ich ihr umgehend geantwortet und meine Gründe für die Anfrage zur Terminänderung genannt (Ping), worauf sie wiederum zurückgeschrieben hat. (Pong)

Dieses – im Vergleich zur Realität in großen Unternehmen noch relativ harmlose – E-Mail-Pingpong wäre zu vermeiden gewesen, wenn ich die Perspektive meiner Kollegin eingenommen hätte. Sie hat hinter meiner unkommentierten Anfrage eine Terminkollision vermutet und erwartete dazu eine kurze Erklärung. Wir hätten uns beide Zeit und Mühe beim Schreiben der unnötigen E-Mails sparen können und meine Kollegin hätte nicht im Kalender recherchieren müssen, um Hinweise für den Grund der Terminverschiebung zu finden.

Diese kleine Episode macht deutlich, dass es für beide Seiten sehr zeitsparend sein kann, wenn der Sender sich einen Moment für einen Perspektivwechsel nimmt, das Informationsbedürfnis des Empfängers absteckt und proaktiv darauf reagiert. So ist sichergestellt, dass die Kernbotschaft für den Empfänger ausreichend untermauert ist.

»Wenn Sie Zeit dafür aufwenden, sich mit Ihrem Publikum vertraut zu machen, vergrößern Sie Ihre Überzeugungskraft.« (Duarte 2012, S. 72). Und genau von diesem Vertrautmachen handelt dieses Kapitel. Zunächst legen Sie die wesentliche Zielgruppe fest. Dann gilt es, die Empfänger zu analysieren und ihre Perspektive einzunehmen. Um dies so umfassend wie nötig zu erarbeiten, analysieren Sie die Empfänger im ersten Schritt anhand bekannter sachlicher Informationen. Dazu werden Fakten zum Empfänger, zum Unternehmen und zur Kommunikationssituation betrachtet. Im zweiten Schritt nehmen Sie anhand der ersten Einordnung des Empfängers dessen Perspektive ein. Dabei beleuchten Sie weiche Faktoren rund um den Empfänger aus dessen Sicht: seine Ziele und Intentionen, seine Einstellung, seine Motive sowie die Beziehung der Teilnehmenden untereinander. Eine zusätzliche gezielte Recherche kann Empfängeranalyse und Perspektivwechsel ergänzen und erleichtern.[10]

2.1 Heterogene Zielgruppen in Untergruppen einteilen und getrennt analysieren

Bevor die Empfängeranalyse durchgeführt wird, ist zu überlegen, ob es sich um eine homogene oder heterogene Zielgruppe handelt.

Bei einer eher homogenen Gruppe kann direkt mit der Empfängeranalyse und anschließend mit dem Perspektivwechsel begonnen werden. Dabei deckt die Perspektive einer Person stellvertretend für alle Personen die gesamte Zielgruppe ab.

Bei einer heterogenen Gruppe gilt es, diese in relevante Untergruppen einzuteilen, innerhalb derer genügend Ähnlichkeit für eine gemeinsame Betrachtung vorliegt. Je mehr Untergruppen einzeln beleuchtet werden, desto aufwendiger werden Empfängeranalyse und Perspektivwechsel. Mögliche Kriterien für die Aufteilung sind:

- Entscheidungspotenzial (finanziell, technisch, politisch, etc.)
- Abteilungszugehörigkeit / Rolle im Projekt
- Interne / externe Mitarbeiter
- Einstellung zum Thema (positiv, neutral, negativ)
- Beziehungen untereinander
- Berufserfahrung und Vorwissen

Abb. 4: Empfängerorientierung für homogene & heterogene Zielgruppen

Wählen Sie die für Ihr Kommunikationsanliegen relevanten Entscheider aus oder diejenigen, die am stärksten vom Thema betroffen sind. Diese beiden Gruppen gilt es vorranging näher zu betrachten.

Es gibt zwei Vorgehensweisen für Empfängeranalyse und Perspektivwechsel innerhalb einer heterogenen Gruppe: Entweder werden diese Schritte für jede Untergruppe separat ausgeführt oder es wird eine der Untergruppen betrachtet und für die weiteren Gruppen werden bei einzelnen Punkten Überschneidungen und Abweichungen dazu notiert.

2.2 Die Perspektive des Empfängers über Empfängeranalyse und Perspektivwechsel einnehmen

Das aus der Psychologie bekannte Eisberg-Modell trennt die Sachebene (rational) von der Beziehungsebene (emotional). Die Sachebene wird dabei als über der Wasserfläche liegender sichtbarer Teil des Eisbergs dargestellt. Die Beziehungsebene liegt als nicht sofort erfassbarer Teil unter der Wasseroberfläche, prägt jedoch maßgeblich das Verhalten in einer Kommunikationssituation. Das Eisberg-Modell ist für die Empfängerorientierung im pyramidalen Kontext eine treffende Darstellung. Denn bei der Empfängeranalyse werden in einem ersten Schritt die bekannten Informationen auf der Sachebene gesammelt. Danach werden im zweiten Schritt mit dem Perspektivwechsel die vermuteten Aspekte auf der Beziehungsebene herausgearbeitet.

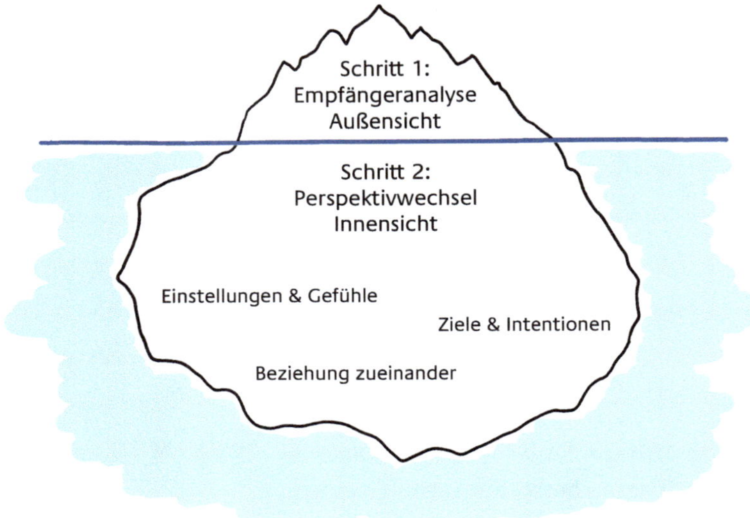

Abb. 5: Das Eisberg-Modell zeigt die beiden Schritte zur Empfängerorientierung

Definition: Perspektivwechsel

Im Folgenden steht das Wort »Perspektivwechsel« für das bewusste Hineinversetzen in die Sichtweise des Empfängers, ohne diese aus der eigenen Warte zu bewerten. Dabei soll ein Einblick über den Kontext des Themas und all seine Aspekte gewonnen werden.

Schritt 1: Mit der Empfängeranalyse die Außensicht einnehmen – die sichtbare Spitze des Eisbergs

Ziel der Empfängeranalyse ist es, den Empfänger anhand offen erkennbarer Kriterien zu betrachten, um dadurch genug Informationen für den anschließenden Perspektivwechsel zu gewinnen. Dabei hilft es, sich mit den bekannten Fakten zu seiner Person und zum Umfeld auseinanderzusetzen. Die Aspekte zum Empfänger, zu dessen Unternehmen und die Bedingungen der Kommunikationssituation werden in der Empfängeranalyse gesammelt und betrachtet. Die folgenden Fragen helfen dabei:

Was ist über den Empfänger als Person bekannt?

- Welches Alter / welches Geschlecht / welche Herkunft hat der Empfänger?
- Welchen biografischen Hintergrund hat der Empfänger?

- Welche Funktion / welche Position / welchen hierarchischen Status hat der Empfänger im Unternehmen?
- Welches Vorwissen bringt der Empfänger mit?
- Welche Lieblingsthemen / Sonderkompetenzen hat der Empfänger?

Was ist über das Unternehmen des Empfängers bekannt?

- Wie ist das Unternehmen bezüglich Branche / Größe / Art einzuordnen (z. B. kleines oder mittelständisches Unternehmen, Konzern, öffentliche Hand)?
- Wie ist das Unternehmen hierarchisch strukturiert?
- Sind die Strukturen und die Unternehmenskultur konservativ, gewachsen, innovativ oder dynamisch?
- Welche Werte / Leitlinien verfolgt das Unternehmen?

Was ist über die Kommunikationssituation bekannt?

- Geht die Initiative vom Empfänger / vom Sender / von einem Dritten aus?
- Wie lange besteht die (Geschäfts-)Beziehung? Oder handelt es sich um einen Erstkontakt?

Übung D1

Betrachten Sie für Ihr eigenes Beispiel die Zielgruppe Ihres Kommunikationsanliegens, indem Sie sich an den obigen Fragen orientieren, um die Empfängeranalyse vorzunehmen.

Überlegen Sie vorab, ob es sich um eine homogene oder heterogene Zielgruppe handelt. Dementsprechend sind eine oder mehrere Empfängeranalysen durchzuführen.

Ziel der Übung ist es, alle bekannten relevanten Informationen über den Empfänger zu sammeln.

Hinweise:

- Ist die Zielgruppe heterogen (siehe 2.1), konzentrieren Sie sich zunächst auf die Untergruppe, die für Sie bzw. Ihr Thema zu priorisieren ist. Dies sind zumeist diejenigen, die Entscheidungen treffen oder am stärksten von Ihrem Thema betroffen sind.
- Sind noch andere Untergruppen Ihrer Zielgruppe relevant, führen Sie auch für diese eine Empfängeranalyse durch. Legen Sie hierzu eine Tabelle mit je einer Spalte pro Untergruppe an, um Unterschiede und Ähnlichkeiten schnell erfassen zu können.
- Unterscheiden sich heterogene Zielgruppen bei der Analyse nur in wenigen Punkten, machen Sie die Abweichungen kenntlich, beispielsweise durch farbliche Markierungen oder Symbole.

- Liegen Ihnen nur spärliche Informationen zu den Empfängern vor, ergänzen Sie diese mit einer gezielten Recherche (siehe 2.3).
- Als Merkhilfe für den Einsatz der Empfängeranalyse im Berufsalltag können Sie die folgenden drei Fragen nutzen:
  - Was ist über den Empfänger als Person bekannt?
  - Was ist über das Unternehmen des Empfängers bekannt?
  - Was ist über die Kommunikationssituation bekannt?

Nehmen Sie sich ca. zehn Minuten Zeit. Je nach Komplexität des Beispiels kann die Bearbeitungszeit abweichen.

Schritt 2: Mit dem Perspektivwechsel die Innensicht einnehmen – der große nicht offensichtliche Teil des Eisbergs

Ziel des Perspektivwechsels ist es, die Kommunikationssituation, das Thema sowie den entsprechenden Kontext aus der Perspektive des Empfängers zu sehen. Somit können seine Denkweise und sich daraus ergebende Handlungsmuster verstanden und nachvollzogen werden.

Mit diesem zweiten Schritt werden daher Einschätzungen getroffen: zu den Zielen und Intentionen, Einstellungen und dahinterstehenden Motiven sowie zur Beziehung zu anderen. Diese Aspekte basieren unter Umständen nicht nur auf dem beruflichen Kontext, sondern gehen darüber hinaus.

Nicht alle Fragen können Sie konkret beantworten, daher gilt es, unter Umständen Hypothesen zu bilden.[11] Die folgenden Fragen helfen dabei:

Welche Ziele und Intentionen des Empfängers sind einschätzbar?

- Was motiviert / treibt den Empfänger generell?
- Was sind seine persönlichen Ziele unabhängig von der Kommunikationssituation?
- Was ist die offen kommunizierte Agenda des Empfängers?
- Welche Ziele könnte der Empfänger zusätzlich haben (auch: Hidden Agenda)?
- Welche minimalen bzw. maximalen Ziele hat der Empfänger bezüglich der Kommunikationssituation?
- Gibt es eine abweichende Zielsetzung (Hidden Agenda), die der Empfänger verfolgt?
- Gibt es Zielvorgaben, an denen der Empfänger im Unternehmen gemessen wird? Welche Handlungsauslöser ergeben sich daraus?

Welche Einstellungen und Motive des Empfängers sind einschätzbar?

- Was beschäftigt den Empfänger? Wo liegen seine Ängste? Worauf basieren sie?
- Was sind die Motive hinter den Zielen des Empfängers? Was sind hierzu seine Wünsche und Werte?
- Was motiviert / demotiviert den Empfänger?
- Wie ist die Einstellung des Empfängers zum Thema / zur Kommunikationssituation?
- Gibt es eine Vorgeschichte zum Thema beim Empfänger, z. B. eine öffentliche Stellungnahme?
- Bei welchen (Teil-)Aspekten könnte der Empfänger skeptisch oder ablehnend reagieren? Weshalb?

In welcher Beziehung stehen die Teilnehmer in der Kommunikationssituation zueinander?

- Wie ist die Beziehung zwischen Sender und Empfänger?
- Wie ist die Beziehung der Empfänger untereinander?
- Gab es in der Vergangenheit (besonders) positive Kommunikationssituationen zwischen den Teilnehmern? Gab es Konfrontationen oder Konflikte?

(Die Fragen orientieren sich u. a. an der Adressatenanalyse von Hackenberg et al. 2011, S. 91)

Übung D2

Sie haben bereits bei Ihrem Thema die eigenen Ziele festgelegt. Versetzen Sie sich im nächsten Schritt mit dem Perspektivwechsel in Ihre Empfänger, indem Sie die Fragen aus Schritt 2 als Anregung nehmen.

Ziel der Übung ist, die Sichtweise der Empfänger einzunehmen, sodass Sie deren Perspektive zum gewählten Thema verstehen können.

Haben Sie Ihre Zielgruppe bei der Empfängeranalyse in mehrere Untergruppen aufgeteilt, können Sie entweder für jede Untergruppe einen Perspektivwechsel durchführen oder die relevanteste Untergruppe auswählen und die Abweichungen zu anderen Untergruppen ergänzen.

Hinweise:

- Die meisten Fragen können Sie nicht mit Gewissheit beantworten. Stellen Sie an diesen Stellen Hypothesen auf.
- Viele Hypothesen können Sie aus den Erkenntnissen der Empfängeranalyse ableiten. Greifen Sie dabei im Zweifelsfall auf allgemeine Rollenbilder zurück.

- Markieren Sie die Punkte, auf die die Empfänger wahrscheinlich skeptisch oder ablehnend reagieren werden. Ergänzen Sie, worauf sich diese Skepsis oder Ablehnung begründet.
- Liegen Ihnen nur spärliche Informationen zu den Empfängern vor, ergänzen Sie diese mit einer gezielten Recherche (siehe 2.3).
- Als Merkhilfe für den Einsatz des Perspektivwechsels im Berufsalltag können Sie die folgenden drei Fragen nutzen:
  - Welche Ziele und Intentionen des Empfängers sind erkennbar?
  - Welche Einstellungen und Motive des Empfängers sind erkennbar?
  - Wie stehen die Teilnehmer der Kommunikationssituation zueinander?

Nehmen Sie sich ca. zehn Minuten Zeit. Je nach Komplexität des Beispiels kann die Bearbeitungszeit abweichen.

2.3 Ergänzende Informationen mit gezielter Recherche gewinnen

Sollten Sie neben vorhandenem Wissen, Einschätzungen und Hypothesen ergänzende Ideen und Informationen benötigen, können Sie diese über verschiedene Recherchewege gewinnen:

Fragen stellen:

- Fragen Sie den Empfänger selbst, wenn dieser greifbar ist. Nutzen Sie offene Fragen zum Thema, um die grundsätzliche Einstellung zu erfahren und über Zwischentöne die Sichtweise herauszufinden. Auch geschlossene (ja / nein) Fragen sind möglich, wenn zu einem wichtigen Punkt im Speziellen unklar ist, wie der Empfänger dazu steht. Bei heterogenen Empfängergruppen können Personen befragt werden, die stellvertretend für einen Teil des Empfängerkreises stehen.
- Fragen Sie Kollegen, die bereits mit dem Empfänger Kontakt hatten und diesen besser einschätzen können.

Recherche durchführen:

- Recherchieren Sie im Internet zu den Empfängern wie auch zu den entsprechenden Unternehmen oder Abteilungen. Social-Media-Plattformen mit Schwerpunkt auf den Geschäftskontext (Xing, LinkedIn etc.) eignen sich dazu besonders. Hier finden Sie in den Profilen die relevanten Informationen wie Werdegang und berufliche Interessen.

- Suchmaschinen (Google, Bing etc.) bieten sich bei der Recherche zu Führungskräften an. Häufig gibt es Informationen über Zeitungsartikel oder Berichterstattungen auf der Firmenwebsite.
- Nutzen Sie firmeninterne Struktogramme und Beschreibungen, um Empfänger im Unternehmen klarer einschätzen zu können (Organigramm, Funktions- und Aufgabenbeschreibung etc.).

2.4 Mit dem ACCA-Modell einschätzen, an welcher Stelle die Empfänger abgeholt werden

Wollen Sie mit Ihrem Thema überzeugen, so schätzen Sie anhand der mittels der Empfängerorientierung gewonnenen Informationen ein, an welcher Stelle die Zielgruppe mit ihrem Wissen und der Einstellung zum Thema steht. Das aus dem Marketing stammende ACCA-Modell (nach Russel H. Colley 1961; vgl. Graebig et al. 2011, S. 110) hilft dabei.

- Das Modell unterstützt Sie dabei, festzustellen, an welcher Stelle die Kernbotschaft ansetzen soll, um die Zielgruppe bestmöglich abzuholen.
- Zudem ermöglicht es Ihnen, einzuschätzen, welche Stufe des ACCA-Modells ein realistisch zu erreichendes Ziel für die jeweilige Kommunikationssituation darstellt.

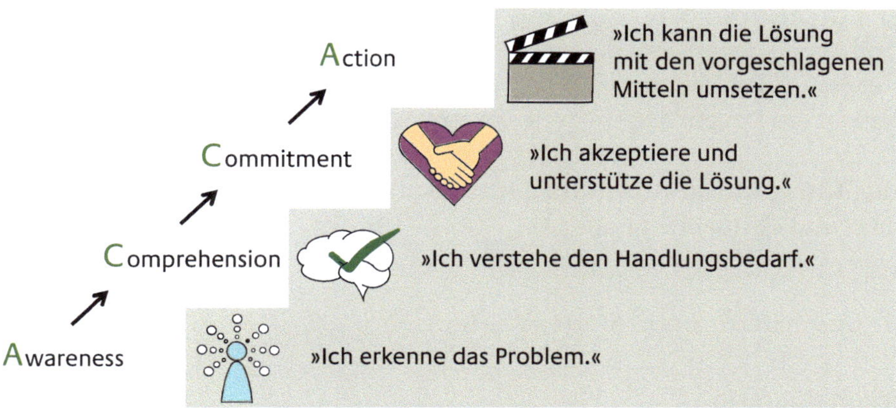

Abb. 6: Mit dem ACCA-Modell den Standort des Empfängers bestimmen

ACCA ist ein englisches Akronym und steht für die folgenden stufenweise aufeinander aufbauenden Aspekte: Awareness herzustellen bedeutet hier, ein Problembewusstsein zu erzeugen und stellt die erste Stufe dar. Comprehension zu entwickeln als zweite Stufe bedeutet Verständnis aufzubauen, Commitment zu erreichen als dritte Stufe bedeutet Verbindlichkeit zu schaffen und Action zu erzielen als vierte Stufe die Handlung auszulösen.

Klären Sie zunächst, an welchem Punkt der Empfänger oder die Zielgruppe steht. Hat er z. B. bereits ein Problembewusstsein oder muss dieses erst erzeugt werden, da der Empfänger davon ausgeht, kein Problem zu haben (Awareness)? Hat er ein Verständnis für den Handlungsbedarf (Comprehension)? Unterstützt er bereits das Vorhaben oder die Lösung (Commitment)?

Versuchen Sie nun einzuschätzen, welche Stufe des ACCA-Modells in der Kommunikationssituation als Ziel erreicht werden kann. Bleiben Sie dabei realistisch: Nicht immer können innerhalb einer Präsentation alle Stufen vom Erzeugen von Problembewusstsein (Awareness) bis zum Auslösen einer Handlung (Action) erreicht werden. Manchmal ist als Kommunikationsziel bereits das Erreichen der nächsten Stufe ausreichend und eine gute Etappe für die langfristige Bearbeitung des Themas.

Anwendungsbeispiel »Hyper Seal« zur Veranschaulichung der Empfängerorientierung

Nachdem Herr Bäcker seine Ziele für den Vortrag festgelegt hat, analysiert er seine Empfänger und betrachtet das Projekt dann so weit wie möglich aus deren Perspektive.

Folgende Überlegungen stellt Herr Bäcker dabei über seine Empfänger Marlene Grün, Fernando Gomez und Heribert Schmidt an:

Empfängerorientierung für Geschäftsführerin Marlene Grün

Empfängeranalyse der Geschäftsführerin

- 53 Jahre, Alleinerbin des Traditions- und Familienbetriebs für Haushaltswarenproduktion
- Studium Volkswirtschaft und Produkt-Design, Übernahme des Familienbetriebs als 32-Jährige, Umstrukturierung und Modernisierung der Pro-

duktpalette mit Spezialisierung auf Thermo-Produkte Mitte der 1990er Jahre

Ergebnisse aus dem Perspektivwechsel mit der Geschäftsführerin

Vermutete Ziele und Intentionen:

- Erwartet vom Projektteam konkrete Lösungsvorschläge (ACCA: Action erwartet).
- Lehnt eine weitere Preissenkung der Thermobecher ab.

Einstellungen und Motive:

- Legt Wert auf Nachhaltigkeit, Ressourcenschonung und Umweltschutz.
- Die erfolgreiche Weiterführung des Familienbetriebs ist ihr eine Herzensangelegenheit.
- Schätzt flache Hierarchien und einen harmonischen, respektvollen Umgang im Unternehmen.

Beziehung von Frau Grün zu den Teilnehmern des Meetings:

- Traut mir eine aktivere Rolle als Führungskraft zu und hat mich daher mit dem Projekt betraut. War in vergangenen Diskussionen immer wieder überrascht über meine klaren Aussagen, schätzt diese jedoch.
- Vertraut Heribert Schmidt aufgrund der exzellenten Arbeit, die dieser seit der Übernahme der Produktion gezeigt hat. Reagiert nachsichtig auf gelegentliche Blockadehaltungen von Herrn Schmidt, was Änderungen angeht.
- Freundlich distanzierte Haltung gegenüber Fernando Gomez, dessen unkonventionelle Ideen sie einerseits schätzt, andererseits aber oft als zu unrealistisch und unstrukturiert erlebt.

Empfängerorientierung für Marketingleiter Fernando Gomez

Empfängeranalyse des Marketingleiters

- 34 Jahre, begeisterter Sportler und Outdoor-Fan
- Studium der Betriebswirtschaft, Volontariat in einer Marketing-Agentur, seit vier Monaten im Unternehmen
- Sehr interessiert an den neuen Möglichkeiten durch Internet, Social Media und digitaler Technik im Allgemeinen

- Kein Teil des Projektteams, hat sich aber kontinuierlich proaktiv über die Fortschritte und Überlegungen informiert, daher ist detailliertes Vorwissen vorhanden

Ergebnisse aus dem Perspektivwechsel mit dem Marketingleiter

Ziele und Intentionen:
- Unterstützt das aktuelle Projekt (ACCA: Commitment vorhanden / erwartet Action).
- Sieht im Change-Projekt die Chance, die eigene Vision einer breiter aufgestellten Marketingstrategie zu verwirklichen.

Einstellungen und Motive:
- Empfindet neue Entwicklungen als positive Herausforderung.
- Schätzt Innovationen und versucht stets, Dinge neu zu denken.
- Hat wenig Verständnis für eine konservative oder traditionelle Marketingpolitik.

Beziehung von Fernando Gomez zu den Teilnehmern des Meetings:
- Ist mit mir nur über den Austausch zum Projekt bekannt. Beiderseitige Sympathie.
- Wurde von Marlene Grün bisher oftmals bei Vorschlägen zur Modernisierung des Marketings gebremst, sieht jedoch eben darin die wesentliche Chance seiner Stelle. Ist von diesem Verhalten irritiert, da er es als Hinhaltetaktik ihm gegenüber wahrnimmt.
- Ist von Heribert Schmidts Desinteresse für die Themen Marketing und Vertrieb sowie dessen resistenter Haltung gegenüber Veränderungen genervt.

Empfängerorientierung für Produktionsleiter Heribert Schmidt

Empfängeranalyse des Produktionsleiters
- 52 Jahre, begeisterter Tüftler und Internet-Fan der ersten Stunde
- Ausbildung zum Werkzeugmacher, Studium Maschinen- und Anlagenbau, wechselte vor vier Jahren von einem Maschinenbauunternehmen als Produktionsleiter zu Hyper Seal
- War nicht in die Vorarbeiten zum aktuellen Projekt involviert

Ergebnisse aus dem Perspektivwechsel mit dem Produktionsleiter

Ziele und Intentionen:

- Legt großen Wert auf den regelmäßigen und reibungslosen Ablauf der Produktion und seines Arbeitsalltags.
- Wünscht keine Veränderungen in der Produktion, um die optimierten Prozesse und die ausgeglichene Kostenstruktur nicht zu stören.
- Zeigt kein Informationsbedürfnis an Marketing- und Vertriebsstrategien.
- Kennt das Projekt, ist aber bisher nicht inhaltlich involviert (ACCA: Awareness vorhanden).

Einstellungen und Motive:

- Ist stolz auf die Kosteneffizienz, auf die hohe Qualität und technische Perfektion der Produkte.
- Möchte nach der Modernisierung der Produktionslinien in den letzten Jahren wieder Ruhe in seiner Abteilung einkehren lassen, hat daher wenig Interesse an Veränderungen in seinem Wirkungsbereich.
- Ist nicht an Mehrarbeit interessiert, meldet sich in Projekten nicht freiwillig für Aufgaben.
- Erledigt einmal akzeptierte Aufgaben mit höchster Präzision und freut sich nach gelegentlichen anfänglichen Widerständen auch bei diesen über die technischen Herausforderungen und deren Bewältigung.
- Hat Veränderungen des Marktes sowie Kundenwünsche nicht im Blick.

Beziehung von Herrn Schmidt zu den Teilnehmern des Meetings:

- Kennt und schätzt mich als Kollegen für meine sinnvollen und umsetzbaren Vorschläge, welche ich bei einem Projekt zur Verbesserung der Fertigungsanlagen eingebracht habe.
- Ist mit Fernando Gomez in vergangenen Gesprächsrunden oft uneins gewesen und hat hitzig diskutiert. Lehnt dessen Ideen oft als nicht machbar ab. Vertraut vor allem auf die Expertise langjähriger Mitarbeiter und hat daher eine Grundskepsis gegenüber dem Neuling Herrn Gomez.
- Hat ein gutes Verhältnis zu Marlene Grün, deren ruhigen und unaufgeregten Führungsstil er schätzt.

3. Mit der Analyse von Situation, Komplikation und zentraler Frage des Empfängers die Kernbotschaft erarbeiten (SKFK-Methode)

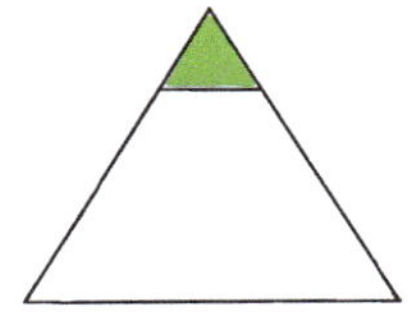

Basierend auf den Ergebnissen aus der Empfängeranalyse und dem Perspektivwechsel kann im nächsten Schritt die Kernbotschaft mit der SKFK-Methode entwickelt werden. Die Kernbotschaft geht auf das Hauptinteresse der Empfänger ein, befriedigt damit das zentrale Informationsbedürfnis und holt sie so gezielt ab. Zudem kann die SKFK-Methode bei der konkreten Kommunikationssituation als Einleitung genutzt werden.

3.1 Die empfängerorientierte Kernbotschaft mit der SKFK-Methode erarbeiten

Anhand der durch die Empfängeranalyse gewonnenen Informationen erarbeiten Sie nun die zentrale Frage der Empfänger mit der SKFK-Methode. SKFK steht für Situation, Komplikation, zentrale Frage und Kernbotschaft.[12]

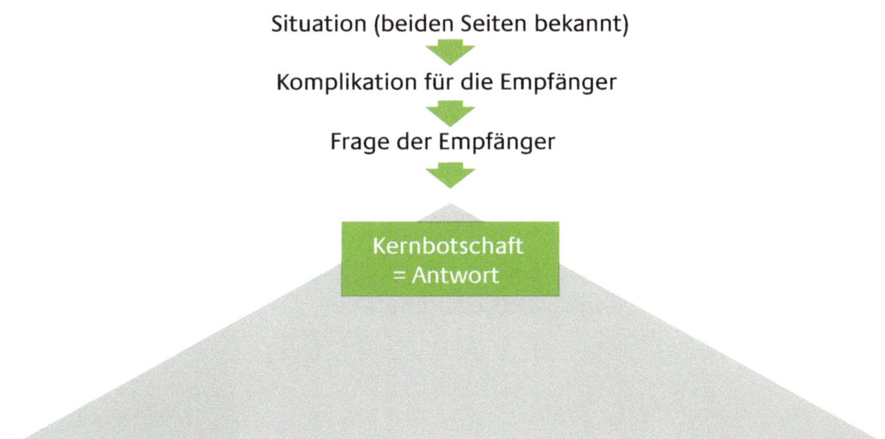

Abb. 7: SKFK-Methode führt zur empfängerorientierten Kernbotschaft

S Die Situation ist als Ausgangslage zum behandelten Thema zu verstehen, die sowohl dem Sender als auch den Empfängern bekannt und möglichst unstrittig ist. Formulieren Sie zur Situation einen Satz als Botschaft.

K Die Komplikation stellt die Zuspitzung der Ausgangslage zum Thema aus der Sicht der Empfänger dar und leitet zu deren zentraler Frage. Mit Komplikation wird auch ein Problem, ein anderer Auslöser oder ein Wunsch bezeichnet. Orientieren Sie Sich hier auch am ACCA-Modell, um die Komplikation der Empfänger einzuschätzen. Fassen Sie die Komplikation als Botschaft in einem Satz zusammen.

F Ausgehend von der Komplikation wird die zentrale und wichtigste Frage aus der Perspektive der Empfänger gestellt.[13] Formulieren Sie die Frage der Empfänger in einem Satz.

K Auf die zentrale Frage der Empfänger folgt die Kernbotschaft als Antwort.[14] Inhaltlich basiert diese auf den Informationen, Ergebnissen und Intentionen des Senders. Das bedeutet, dass die Kernbotschaft die zentrale Frage der Empfänger so präzise wie möglich beantwortet, ohne sich deren Erwartungen zu sehr zu beugen. Die Kernbotschaft entspricht demnach einer Zusammenführung der Erkenntnisse und Ziele des Senders und der Antwort auf die zentrale Frage der Empfänger. Es kann demnach eine für die Empfänger positive wie negative Botschaft als Antwort erfolgen. Bringen Sie die Kernbotschaft knapp und präzise auf den Punkt.

Spielen Sie mit der SKFK-Methode möglichst offen verschiedene Alternativen von Frage und Antwort durch, bis Sie diese jeweils so genau wie möglich fassen können. Die endgültige Version soll die Frage der Empfänger präzise beantworten und zudem knapp formuliert sein. Die erarbeitete Kernbotschaft stellt die Spitze der Pyramide dar.

Unter Umständen werden die Empfänger durch die Eröffnung einer Kommunikationssituation erst an ein Thema herangeführt, nehmen die Komplikation wahr und entwickeln dadurch ein Problembewusstsein.

Bei der Aufbereitung eines Kommunikationsanliegens für Führungskräfte sollte zudem bedacht werden, dass diese zumeist Lösungsvorschläge erwarten, nicht nur eine Darstellung der Ursache der Komplikation. Daher sollten Lösungsvorschläge bei der Empfängerorientierung beachtet werden und unter Umständen bereits bei der Formulierung der Kernbotschaft und auf zweiter Ebene einfließen.

Vorsicht: Bei der Anwendung der SKFK-Methode ist mit »Situation« nicht die Kommunikationssituation als solche zu verstehen, sondern die allgemeine Ausgangslage, aus der das in der Kommunikation vermittelte Anliegen entsteht und das mittels pyramidaler Herangehensweise aufgearbeitet wird.

Folgende zwei Beispiele zeigen die Erarbeitungsschritte der SKFK-Methode:

Beispiel 1: Budget anpassen bei Projekt »Star«

Sendende Person: Projektmitarbeiter
Zielgruppe: Projekt Auftraggeberin und Mitarbeitende im Lenkungsausschuss

Situation (beiden Seiten bekannt):
Projekt »Star« ist seit drei Monaten in der Umsetzung und kostet nun mehr als geplant.

↓

Komplikation für die Empfänger:
Das Projekt muss unbedingt bis zum Ende des 4. Quartals erfolgreich abgeschlossen sein....

↓

Frage der Empfänger:
Kann ich sichergehen, dass das Projekt erfolgreich und termingerecht abgeschlossen wird?

↓

Kernbotschaft = Antwort:
Mit einer Erhöhung des Budgets um 5 Prozent können wir den erfolgreichen Projektabschluss bis zum Ende des 4. Quartals sicherstellen.

Beispiel 2: Krankheitsbedingte Ausfälle in der Abteilung senken

Sendende Person: Mitarbeiterin der Abteilung
Zielgruppe: Leiter der Abteilung

Situation (beiden Seiten bekannt):
Viele Mitarbeiter fallen krankheitsbedingt durch Rückenschmerzen aus.

↓

Komplikation für den Empfänger:
Durch die Ausfälle kommt es zu Fehlzeiten und die Bewältigung der anstehenden Arbeit ist gefährdet.

↓

Frage des Empfängers:
Wie können wir die krankheitsbedingten Fehlzeiten durch Rückenschmerzen reduzieren?

↓

Kernbotschaft = Antwort:
Wir empfehlen, höhenverstellbare Tische und ergonomische Stühle anzuschaffen, um den Rückenproblemen unserer Mitarbeiter vorzubeugen.

Um auf die tatsächliche Komplikation der Empfänger zu kommen, helfen drei Fragen

- Wo liegt der Haupt-Schmerzpunkt (Pain Point) der Empfänger?
- Wenn es keinen Schmerzpunkt gibt, gibt es stattdessen eine Hoffnung, eine spezielle Erwartung oder einen Wunsch (Gain Point) der Empfänger bezüglich des Themas?
- Weder/Noch: Liegt überhaupt nach ACCA ein Problembewusstsein (Awareness) vor? Wenn nicht, gilt es hier die Einstellung zum Thema als Komplikation zu beschreiben, z. B. »Die Führungskräfte der Abteilung sehen das Thema nicht als kritisch und haben daher keinen akuten Handlungsbedarf.« / »Die Führungskräfte der Abteilung sind mit anderen Herausforderungen beschäftigt und haben keine genaue Sachkenntnis zum Thema.«. Oft resultiert dies im nächsten Schritt der SKFK-Methode in der Frage »Was hat das Thema mit mir / uns zu tun?« / »Warum sollte das Thema für uns relevant sein?«.

Bei Änderungen der Ausgangslage die Kernbotschaft mit der SKFK-Methode anpassen

Oft werden pyramidal strukturierte Inhalte nach der Erstellung zu unterschiedlichen Anlässen und auch für unterschiedliche Zielgruppen verwendet. Dabei sollten Sie aber je nach Publikum und Situation prüfen, ob sich entsprechend eine andere Kernbotschaft ergibt. Das folgende Beispiel zeigt, dass die Kernbotschaft zum Thema Rückenschmerzen angepasst werden muss, wenn sich Situation und Komplikation, und damit die Frage der Empfänger, verändert haben. Oben hat es der Abteilungsleiter mit einem langfristig zu lösenden Problem zu tun. In der Variante unten bezieht sich die Komplikation auf einen kurzfristigen dringlichen Engpass, weshalb eine andere Kernbotschaft folgt:

Beispiel 3: Umsatz trotz krankheitsbedingter Ausfälle sicherstellen

Sendende Person: Mitarbeiterin der Abteilung
Zielgruppe: Leiter der Abteilung

Situation (beiden Seiten bekannt):
Im umsatzstarken Vorweihnachtsgeschäft fallen viele Mitarbeiter krankheitsbedingt durch Rückenschmerzen aus.

↓

Komplikation für den Empfänger:
Dadurch kommt es zu Kapazitätsengpässen, wodurch der Umsatz stark gefährdet wird.

↓

Frage des Empfängers:
Wie können wir den Umsatz im Vorweihnachtsgeschäft stabilisieren?

↓

Kernbotschaft = Antwort:
Wir müssen Leiharbeiter einstellen, um den Umsatz im Vorweihnachtsgeschäft trotz Krankheitsrate zu stabilisieren.

Übung E1

Nachdem Sie für Ihr Thema die Empfängeranalyse und den Perspektivwechsel vorgenommen haben, erarbeiten Sie nun mit der SKFK-Methode schrittweise die Kernbotschaft.

Ziel der Übung ist es, jeweils die empfängerorientierte Kernbotschaft zu finden.

Hinweise:

- Legen Sie untereinander Zeilen für Zielgruppe, Situation, Komplikation, Frage und Kernbotschaft an, analog zu den Beispielen.
- Gehen Sie beim Ausfüllen schrittweise von oben nach unten.
- Wägen Sie Alternativen ab, wenn Sie sich bei der zentralen Frage nicht sicher sind: Was ist die wichtigste Frage, die die Empfänger zu Ihrem Thema haben? Wählen Sie diese für Ihre Kernbotschaft aus.
- Formulieren Sie Botschaften, in ganzen Sätzen statt verschlagworteter Überschriften. Dies gilt vor allem für die Kernbotschaft.

Nehmen Sie sich ca. 15 Minuten Zeit.

Prüfen Sie Ihren ersten Entwurf kritisch

Hinterfragen Sie, ob die Antwort tatsächlich präzise zur Frage passt. Bei einer favorisierten eigenen Lösung besteht die Gefahr, diese als Kernbotschaft einzusetzen, ohne auf die Frage des Empfängers einzugehen.

Es kann hilfreich sein, die Abfolge in der SKFK-Methode auch mit Kollegen oder am Thema Beteiligten durchzusprechen, um die gefundene Kernbotschaft gemeinsam zu prüfen (siehe Übung E 2).

Manchmal ist es nicht möglich, eine befriedigende Kernbotschaft als Antwort zu finden, da die Datenlage keine eindeutige Aussage zulässt. In diesem Fall ist dieser Sachbestand als Kernbotschaft zu formulieren, z. B. »Aufgrund der mangelnden Datenlage ist die Umsatzsteigerung geschätzt und wird ca. 3 bis 5 Prozent betragen.«

Vorsicht:

- Bei der empfängerorientierten Erstellung der Kernbotschaft geht es nicht darum, anfangs zwangsläufig die Ursachen aufzuzeigen. Dies sollte nur dann erfolgen, wenn die Frage der Empfänger auch konkret in Richtung der Ursachen geht, z. B. »Was hat dazu geführt?« oder »Warum ist das so?«. Oft ist es dem Sender ein Bedürfnis, die Ursachen detailliert zu nennen. Wenn die Empfänger jedoch ihr zentrales Interesse an der Lösung haben, wird mit Informationen über die Ursachen an ihrem Bedürfnis vorbei kommuniziert. Das führt schnell zu Langeweile und Desinteresse.
- In der Praxis kommt es oft vor, dass die Kernbotschaft bei der weiteren Erarbeitung der Struktur verändert wird. Prüfen Sie in diesem Fall immer, ob die Kernbotschaft noch die Frage der Empfänger beantwortet.

3.2 Bei heterogener Zielgruppe eine finale Kernbotschaft festlegen

Eine klar abgegrenzte homogene Zielgruppe lässt zu, dass die Empfängerorientierung besonders präzise realisiert werden kann. Falls das zentrale Interesse der Empfänger stark voneinander abweicht und unterschiedliche Kernbotschaften gefunden werden, gibt es drei mögliche Vorgehensweisen.

Die Wahl der entsprechenden Vorgehensweise – Trennen, Abstrahieren oder Priorisieren – ist abhängig von der Situation, von der Zusammensetzung der Zielgruppe und vom eigenen Kommunikationsziel.

Mit einer abstrahierten Kernbotschaft zusammenfassen

Soll die Kommunikation bewusst an die gesamte Empfängergruppe gehen, sollte eine zusammenfassende Kernbotschaft gefunden werden, die die unterschiedlichen Interessenslagen aufgreift. Dieses Vorgehen ist zu empfehlen, wenn der Perspektivwechsel ergeben hat, dass die Untergruppen trotz Abweichungen eine gemeinsame Basis haben.

Die Präzision der abstrahierten Kernbotschaft für die einzelnen Untergruppen sinkt dabei, da sie einen gemeinsamen Nenner bildet und einen Kompromiss darstellt. Die Botschaften auf der zweiten Ebene entsprechen in der Regel den mit der SKFK-Methode gefundenen Kernbotschaften der jeweiligen Untergruppen.

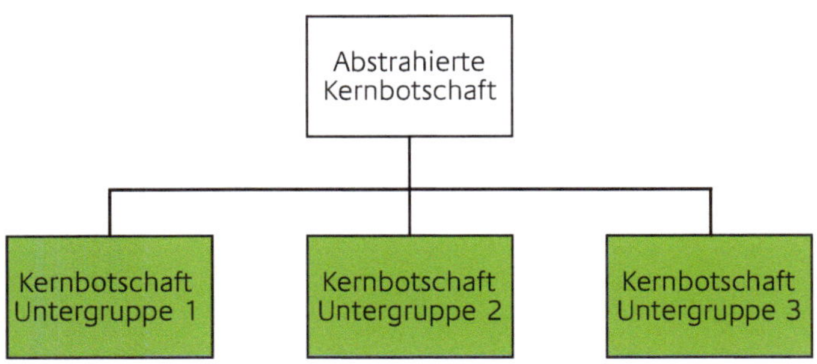

Abb. 8: Für die verschiedenen Botschaften der heterogenen Untergruppen eine abstrahierte Kernbotschaft formulieren

Mit einer priorisierten Kernbotschaft einer Teilgruppe den Vorrang geben

Einer der Teilgruppen der Empfänger wird die höchste Priorität eingeräumt und die Kernbotschaft daher auf deren Interessenslage abgestimmt. Weitere Untergruppen von Empfängern werden untergeordnet. Deren Interessenslage wird unter Umständen zu einem späteren Zeitpunkt in der Kommunikation aufgegriffen. Der Inhalt der ursprünglichen Kernbotschaften der nicht priorisierten Teilgruppen kann als Aussage in der Folgestruktur stützend einfließen. Das kann dazu führen, dass einzelne Teilaspekte tiefer ausgeführt werden, als es für die priorisierte Gruppe nötig wäre. So wird auch das zentrale Informationsbedürfnis der anderen Teilgruppen abgedeckt.

Bei der Priorisierung einer Teilgruppe geht es darum, diejenige auszuwählen, die eine Entscheidung treffen soll, den meisten Informationsbedarf hat oder gegenüber der Argumentationskette skeptisch ist. Die priorisierte Gruppe muss nicht zwangsläufig aus Führungskräften bestehen.

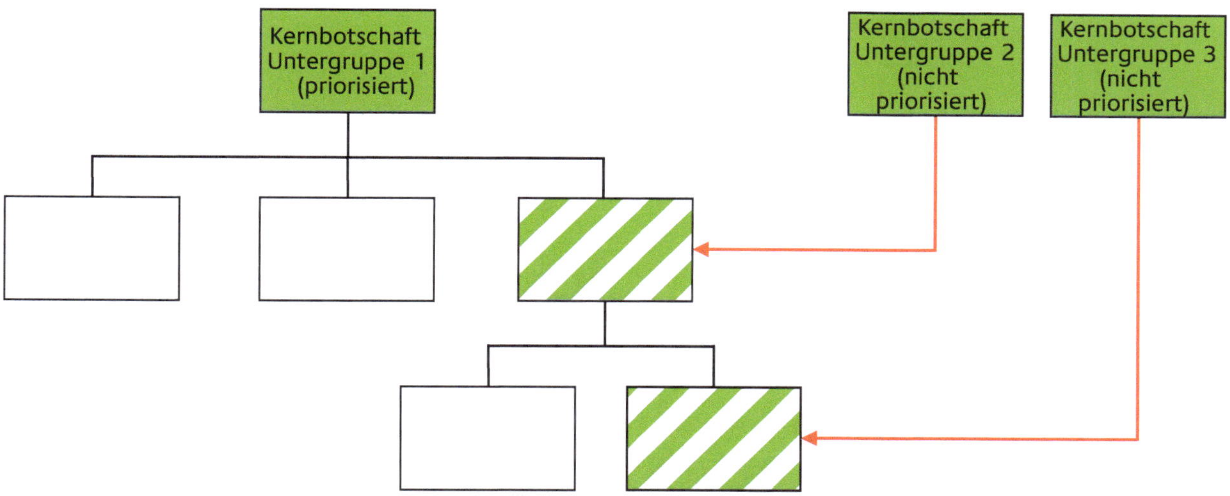

Abb. 9: Nicht priorisierte Kernbotschaften unterhalb der Kernbotschaft in die Struktur integrieren

Mit getrennten Kernbotschaften die verschiedenen Untergruppen ansprechen

Sofern es die Situation erlaubt, die Zielgruppe in kleinere Untergruppen aufzuspalten, kann für jede Untergruppe die spezifisch erarbeitete Kernbotschaft genutzt werden. In getrennten Kommunikationssituationen werden dabei je Untergruppe die untermauernden Argumente und Informationen dementsprechend aufbereitet und angeordnet. Statt einer Kernbotschaft für die gesamte Gruppe wird nach der Aufteilung jeweils eine eigene Kernbotschaft je einzelne Untergruppe erstellt. Das gibt den Rahmen für die zielgruppenspezifische Kommunikation vor. Statt einer Sammel-E-Mail an alle Empfänger werden die ausgewählten Untergruppen von Empfängern mit getrennten E-Mails angeschrieben usw.

Dieses Vorgehen ist relativ aufwendig, da für jede Untergruppe eine eigene Ausarbeitung nötig ist.

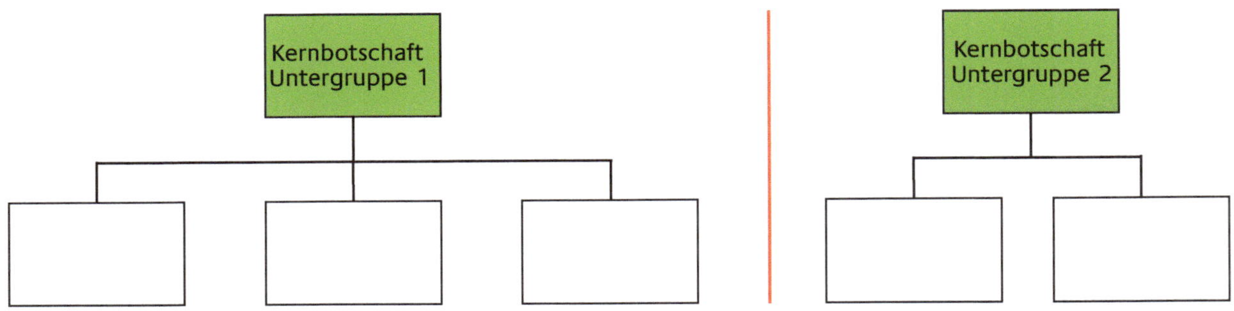

Abb. 10: Die Kernbotschaften getrennt an die jeweilige Zielgruppe kommunizieren

3.3 Die Kernbotschaft je nach Einstellung des Empfängers direkt oder diplomatisch formulieren

Die Empfängeranalyse hat gezeigt, dass verschiedene Zielgruppen sehr unterschiedliche Einstellungen und Bedürfnisse zu einem Thema und zu einer kommunikativen Situation haben können. Daher ist es wichtig zu überlegen, ob die Kernbotschaft direkt formuliert werden kann oder ob eine diplomatische Abschwächung notwendig ist. Nur so, indem die Einstellung des

Empfängers berücksichtigt wird, ist gesichert, dass dieser mit der Kernbotschaft erreicht und abgeholt wird.

- **Direkt**: Die Formulierung ist so präzise wie möglich gewählt und drückt genau aus, was der Sender auf die zentrale Frage mitteilen möchte. Dabei wird ebenso berücksichtigt, dass der Empfänger in dieser kommunikativen Situation den konkreten Wunsch nach einer klaren Antwort auf seine zentrale Frage hat.
  Beispiel: »Wir müssen höhenverstellbare Tische und Stühle mit Lordosenstütze anschaffen, um den Rückenschmerzen unserer Mitarbeiter vorzubeugen.«
- **Diplomatisch**: Die Formulierung der Kernbotschaft ist aufgrund der kommunikativen Bedürfnisse des Empfängers oder dessen Vorbehalten und Einstellung zum Thema abgeschwächt (vertiefende Informationen dazu in 4.2 zum Thema Diplomatie-Check). Dadurch verliert die Kernbotschaft an Präzision und Klarheit, kann aber vom Empfänger besser angenommen werden. Spezielle kommunikative Bedürfnisse bestehen etwa bei der Zusammenarbeit mit einer Führungskraft, die ungern direkt formulierte Vorschläge ihrer Mitarbeiter annimmt. Stattdessen steht hier der Wunsch, die für eine Ergebnisfindung notwendigen Informationen und Argumente präsentiert zu bekommen.
  Beispiel: »Die Anschaffung von höhenverstellbaren Tischen und Bürostühlen mit Lordosenstütze beugt Erkrankungen im Rückenbereich bei unseren Mitarbeitern vor.«

Übung E2

Überprüfen und präzisieren Sie für Ihr Thema die mit der SKFK-Methode gefundene Kernbotschaft mithilfe des Feedbacks von Kollegen oder anderen Personen.

Ziel der Übung ist, die gefundene Kernbotschaft gemeinsam auf den Punkt zu bringen. Dabei wird bei heterogenen Zielgruppen gegebenenfalls eine finale Kernbotschaft festgelegt. Diese wird auf die Bedürfnisse der Empfänger abgestimmt direkt oder diplomatisch formuliert.

Der gemeinsame Blick auf zentrale Frage und Kernbotschaft ist im beruflichen Alltag ein gutes Mittel, um die gefundene Kernbotschaft abzusichern. Oft hilft die Perspektive von Kollegen oder Vorgesetzten, um Schwachstellen gemeinsam aufzudecken und zu beseitigen.

Hinweise:

- Geben Sie anhand der von Ihnen ausgefüllten Tabelle einen kurzen Überblick über das Thema und die Empfänger.
- Anschließend lesen Sie die Herleitung durch die SKFK-Methode langsam Punkt für Punkt von links nach rechts vor. Lassen Sie dabei bewusst Pausen nach den einzelnen Aussagen, damit Ihre Zuhörer Zeit zum Mitdenken und für Rückfragen haben.
- Notieren Sie die Korrekturen direkt in den Spalten der Tabelle.
- Prüfen Sie nach jeder Änderung der Kernbotschaft, ob diese noch die Frage der Empfänger beantwortet.
- Bei mehreren Kernbotschaften für heterogene Gruppen erarbeiten Sie eine finale Kernbotschaft, indem Sie entweder abstrahieren, priorisieren oder trennen.
- Formulieren Sie Ihre Kernbotschaft in Abstimmung auf Ihre Zielgruppe direkt oder diplomatisch.
- Gerade bei Überzeugungskontexten macht die SKFK-Methode deutlich, dass die Empfänger von Ihnen eine klare Stellungnahme erwarten. Das kann zu Verunsicherung führen, wenn die Antwort nicht den Wünschen des Empfängers entspricht. Bleiben Sie bei Ihrer Aussage, denn Sie haben die fachliche Expertise. Stützen Sie diese Aussage durch sorgfältig erarbeitete Argumente und Fakten.

Nehmen Sie sich ca. zehn Minuten Zeit.

3.4 Die Empfänger optional mit dem situativen Einstieg aus der SKFK-Methode abholen

Neben der Erarbeitung der empfängerorientierten Kernbotschaft dient die SKFK-Methode einem weiteren Zweck: Sie kann optional als situative Einleitung in die Kommunikation genutzt werden.

Ob eine Einleitung für eine mündliche oder schriftliche pyramidale Kommunikation überhaupt nötig ist, hängt von der Zusammensetzung der Empfängergruppe sowie von der persönlichen Beziehung zu dieser ab. Generell gilt: Je heterogener die Kenntnisse und der aktuelle Bezug beim Empfängerkreis zum Thema sind, desto nötiger ist es, diesen mit einer kurzen Einleitung abzuholen. Dabei wird das Vorwissen entsprechend der Kommunikationssituation berücksichtigt, um die Empfänger soweit möglich auf den gleichen Wissensstand zu bringen.[15]

Achten Sie darauf, dass folgende Punkte gewährleistet sind, oder stellen Sie diese mit dem situativen Einstieg her:

- Alle Untergruppen des Empfängerkreises haben einen ähnlichen Kenntnisstand zum Thema. Schließen Sie mögliche Lücken einzelner Empfänger mit einer knappen Informationseinheit.
- Die Situation und die Notwendigkeit der Auseinandersetzung sind dem Empfänger gegenwärtig. Sorgen Sie unter Umständen mit einem kurzen Beitrag für die Präsenz des Themas.

Die situative Einleitung der SKFK-Analyse geht zuerst auf die allgemein bekannten Aspekte ein (Situation), um diese dann mit dem Auslöser der aktuellen Kommunikationssituation (Komplikation für die Empfänger) zu präzisieren. Dadurch ergibt sich folgerichtig die zentrale Frage, welche in den Köpfen der Empfänger auftaucht, ohne vom Sender an dieser Stelle erwähnt zu werden.[16] Schematisch gesehen führt dies bei der Einleitung zu einem hinführenden Trichter oberhalb der Pyramide:

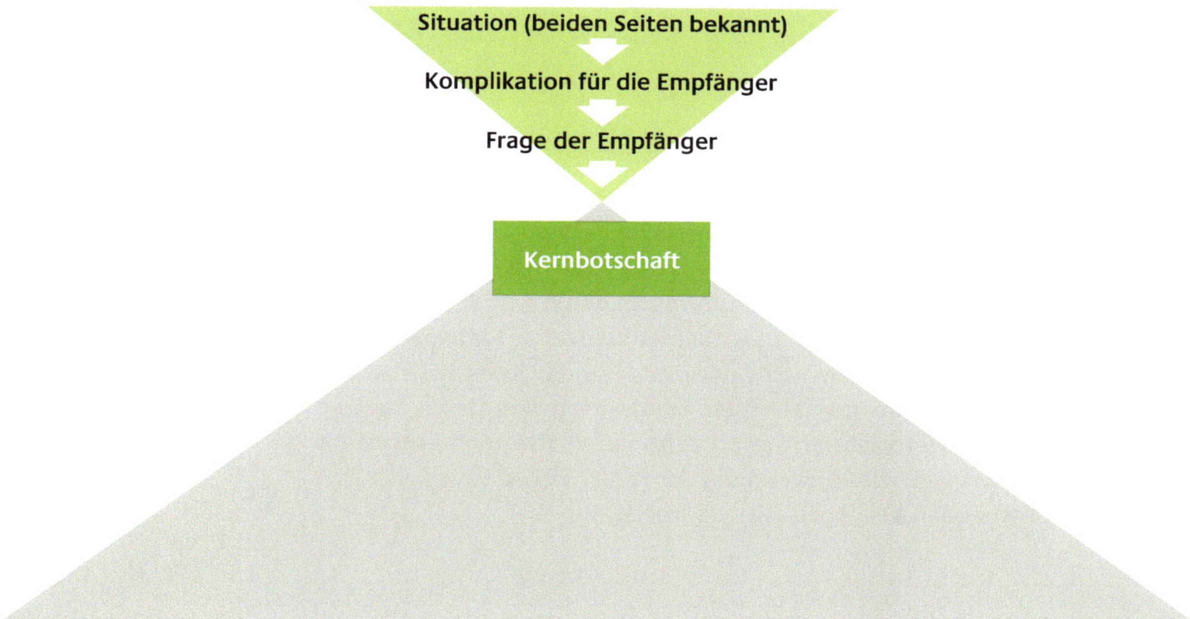

Abb. 11: Situation und Komplikation ergeben einen hinführenden Trichter und können als Einleitung genutzt werden

Bei der mündlichen Präsentation hat die situative Einleitung und Hinführung zur Kernbotschaft zudem einen klaren rhetorischen Vorteil: In den ersten 45 bis 90 Sekunden einer Präsentation achtet das Publikum verstärkt auf den Präsentierenden und nimmt den Inhalt nur untergeordnet wahr. Daher ist es angemessen, die Empfänger in der Situation ankommen zu lassen, bevor die wichtigsten Informationen vermittelt werden. Das Publikum (z.B. eines Meetings) kommt oftmals aus thematisch anderen Arbeits- und Kommunikationssituationen und benötigt etwas Zeit, um sich auf den Vortragenden und das neue Thema einzulassen.

Neben den sachlichen Kriterien, die für den situativen Einstieg sprechen, sollte zudem berücksichtigt werden, dass dieser die Möglichkeit bietet, eine positive Atmosphäre zu schaffen, die wesentlich ist, um das Kommunikationsziel zu erreichen.[17] Denn positive Stimmung schafft Vertrauen und macht es möglich, den Empfänger auch in einer schwierigen Kommunikationssituation zu erreichen. Verbindet der Einstieg sachliche Inhalte mit einer kurzen persönlichen Geschichte des Senders, so wird dem Empfänger Identifikationspotenzial geboten. Auf diese Weise werden die Aufmerksamkeit und damit die Merkfähigkeit angeregt.[18]

Anwendungsbeispiel »Hyper Seal« zur Veranschaulichung der SKFK-Methode

Jonas Bäcker erarbeitet nun mit der SKFK-Methode anhand der gewonnenen Erkenntnisse über seine Empfänger die Kernbotschaft. Der Marketingleiter Fernando Gomez hat bereits seine Zustimmung zu den Änderungen signalisiert, sodass eine gesonderte Betrachtung seines zentralen Informationsbedürfnisses mit der SKFK-Methode nicht nötig ist. Um das jeweilige zentrale Interesse von Marlene Grün und Heribert Schmidt zu definieren, welche bereits in der Empfängerorientierung als sehr unterschiedlich eingestellt aufgefallen sind, ist jeweils die Anwendung der SKFK-Methode zur Formulierung der entsprechenden Kernbotschaft erforderlich.

Mit der SKFK-Methode die Kernbotschaft für Geschäftsführerin Marlene Grün erarbeiten:

Situation (beiden Seiten bekannt):
Die Umsätze von Hyper Seal sind zurückgegangen, daher wurde eine Marktanalyse beauftragt und ein Projekt zur Lösungssuche initiiert.

↓

Komplikation für den Empfänger:
Bisherige Ansätze zur Stabilisierung des Umsatzes haben keine Wirkung gezeigt, weshalb alternative Lösungen gefunden werden müssen.

↓

Frage des Empfängers:
Mit welchen Maßnahmen können wir langfristig wettbewerbsfähig bleiben?

↓

Kernbotschaft = Antwort:
Wir müssen uns bei Onlinemarketing und Produktportfolio an DrinkNGo ausrichten, um langfristig wettbewerbsfähig zu bleiben.

Mit der SKFK-Methode die Kernbotschaft für den Produktionsleiter Heribert Schmidt erarbeiten:

Situation (beiden Seiten bekannt):
Die Umsätze von Hyper Seal sind zurückgegangen, daher wurde eine Marktanalyse beauftragt und ein Projekt zur Lösungssuche initiiert.

↓

Komplikation für den Empfänger:
Befürchtung, dass als mögliche Lösung die kostenintensive Anpassung der aktuell gut laufenden Produktion durch neue Becher-Varianten vorgeschlagen wird.

↓

Frage des Empfängers:
Können Veränderungen zur Stabilisierung vorgenommen werden, ohne neue Varianten einzuführen?

↓

Kernbotschaft = Antwort:
(Nein!) Wir müssen
unser Produktportfolio mit individuellen Becher-Designs an die Mitbewerber anpassen

Nachdem sich unterschiedliche Kernbotschaften für die heterogenen Empfänger finden, wählt Projektleiter Jonas Bäcker die Geschäftsführerin Marlene Grün als priorisierte Empfängerin und beschließt, die zentrale Frage von Heribert Schmidt gezielt an einer späteren Stelle in der Präsentation aufzugreifen.

4. Die Kernbotschaft mit logischen Gruppen und logischen Ketten untermauern

Gemüse bei den Reinigungsmitteln – Warum es wichtig ist, logische Gruppen zu bilden

Vielleicht ist es Ihnen auch schon einmal so ergangen: Sie haben sich eine lange Liste für den Supermarkt geschrieben und nahezu alle Positionen abgehakt, der Einkaufswagen ist gut gefüllt und Sie haben es fast geschafft. In der Reinigungsmittelabteilung, der vorletzte Gang auf dem Weg zur Kasse, fällt Ihnen auf, dass ganz unten auf Ihrer Liste Gurken und Pizzakäse stehen. Die Gemüseregale und die Kühltheke haben Sie schon lange hinter sich gelassen. Und nun müssen Sie den ganzen Weg noch einmal zurück.

Die Lösung für dieses Problem tat sich mir kürzlich bei einem Großeinkauf auf. Als ich nach einer ausgiebigen Extrarunde im Supermarkt endlich bezahlt hatte und den Kassenbon in Händen hielt, war ich überrascht, dass darauf alle Einkäufe in logische Gruppen eingeteilt waren. Mir kam die Idee, wie ich künftige Extrarunden beim Einkaufen verhindern würde: eine logische Struktur beim Schreiben des Einkaufszettels.

Einkaufsparadies
Im Stadtzentrum
Regensburg

	Preis €	
Backwaren / Brot / Kuchen		
Bauernschnitten	0,59	B
Sesam-Knäckebrot	1,39	B
Molkerei / Käse		
Süßrahmbutter	0,79	B
Naturjoghurt 3,5%		
2x 0,49	0,98	B
Pizzakäse	2,19	B
Nährmittel		
Haferflocken, zart		
3x 0,49	1,47	B
Mandeln, gehobelt	1,29	B
Kokosraspel	0,59	B
Cayenne Pfeffer	1,69	B
Zimt, gemahlen	1,79	B
Würz-Hefeflocken	1,99	B
Obst / Gemüse		
Gurke	0,59	B
Bio-Möhren, 1 kg	1,99	B
Summe	**17,34**	

Haben wir zu viele Einzelpositionen, so brauchen wir sinnvolle Gruppen, um Ordnung zu schaffen und eine Übersicht zu gewinnen. Hätte ich bereits auf dem Einkaufszettel die Gruppen »Obst / Gemüse«, »Molkerei / Käse« sowie »Nährmittel« und »Backwaren« gebildet, hätte ich wertvolle Minuten gespart.

Die kurze Geschichte zeigt, dass Sie mit einer logischen Struktur Zeit sparen und Komplexität reduzieren können. Das gilt für unzählige Bereiche des Alltags und ist vor allem im beruflichen Kontext wichtig.

Innerhalb der pyramidalen Struktur gibt es zwei Möglichkeiten, Informationen und Argumente zu ordnen: logische Gruppen und logische Ketten. Aus diesen beiden Gliederungsformen besteht die Struktur der Pyramide auf allen Ebenen unterhalb der Kernbotschaft.

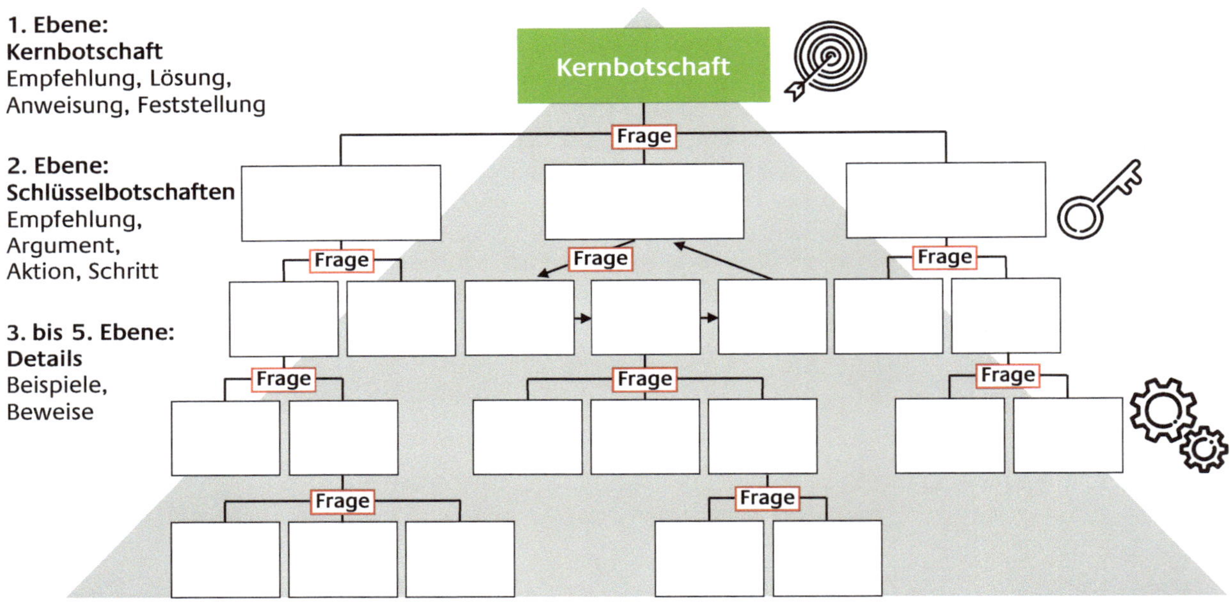

Abb. 12: Die Pyramide besteht maximal aus fünf Ebenen

Die erste, oberste Ebene der Pyramidenstruktur ist die Kernbotschaft. Diese kann eine Empfehlung, Lösung, Anweisung oder Feststellung sein.

Auf der zweiten Ebene der Pyramide stehen die Schlüsselbotschaften. Schlüsselbotschaften können Empfehlungen, Argumente, Aktionen, Erläuterungen oder Prozessschritte sein. Zusammen mit der Kernbotschaft sind sie die wichtigsten Punkte des pyramidal strukturierten Themas und bieten damit auch das Konzentrat eines Kommunikationsanliegens.

Bei der dritten bis zur maximal fünften Ebene handelt es sich um Detailebenen. Diese bestehen aus Details, Beispielen oder Beweisen. Die Detailebenen begründen die Schlüsselbotschaften und damit die Kernbotschaft so weit wie nötig. Mehr als fünf Ebenen sind in der Regel nicht sinnvoll, da die Struktur in einem so hohen Detailgrad für die Empfänger zu komplex ist. Für sie sind in der Regel alle kommunizierten Inhalte neu. Daher ist nur ein bestimmtes Maß an Informationen erfassbar.

Mindmapping-Programme eignen sich zur Erstellung der pyramidalen Struktur

Neben handschriftlichen Skizzen eignen sich für die Erstellung der pyramidalen Struktur kollaborative Online-Whiteboards sowie Mindmapping-Programme, mit denen Inhalte leicht erfasst und geordnet werden können, um den Überblick zu behalten.

Als Open-Source-Programme für Mindmapping stehen z. B. FreeMind, FreePlane und Mindmeister zur Verfügung. Zudem gibt es kostenpflichtige Software. Als kollaborative Online-Whiteboards eignen sich z. B. das Miro, Mural oder Conceptboard. Außerdem können Sie bei Verwendung von Microsoft Office auch die Baumstruktur der SmartArts einsetzen.

Die Frage-Antwort-Beziehung hält die Empfängerorientierung auf allen Ebenen aufrecht

Die Botschaften aus Fragen der Empfänger herzuleiten ist nicht auf die Kernbotschaft als Spitze der Pyramide beschränkt (siehe Kapitel 3), sondern gilt für jeden Unterpunkt innerhalb der Pyramidenstruktur.

Diese Systematik wird fortgeführt und ergibt eine Frage-Antwort-Beziehung, die alle Ebenen miteinander verknüpft. So bleibt die Empfängerorientierung stets im Fokus der Argumentations- und Informationsgliederung: Versuchen Sie ausgehend von der Kernbotschaft die Frage des Empfängers zu beantworten. Gehen Sie dabei Schritt für Schritt auf jeden einzelnen Punkt ein und überlegen Sie, ob der Empfänger dazu eine vertiefende Frage hat und wie Sie diese beantworten können. So wird jede Ebene von der Spitze, der Kernbotschaft, bis in die untersten Details erarbeitet, ohne das Informationsbedürfnis des Empfängers aus den Augen zu verlieren.

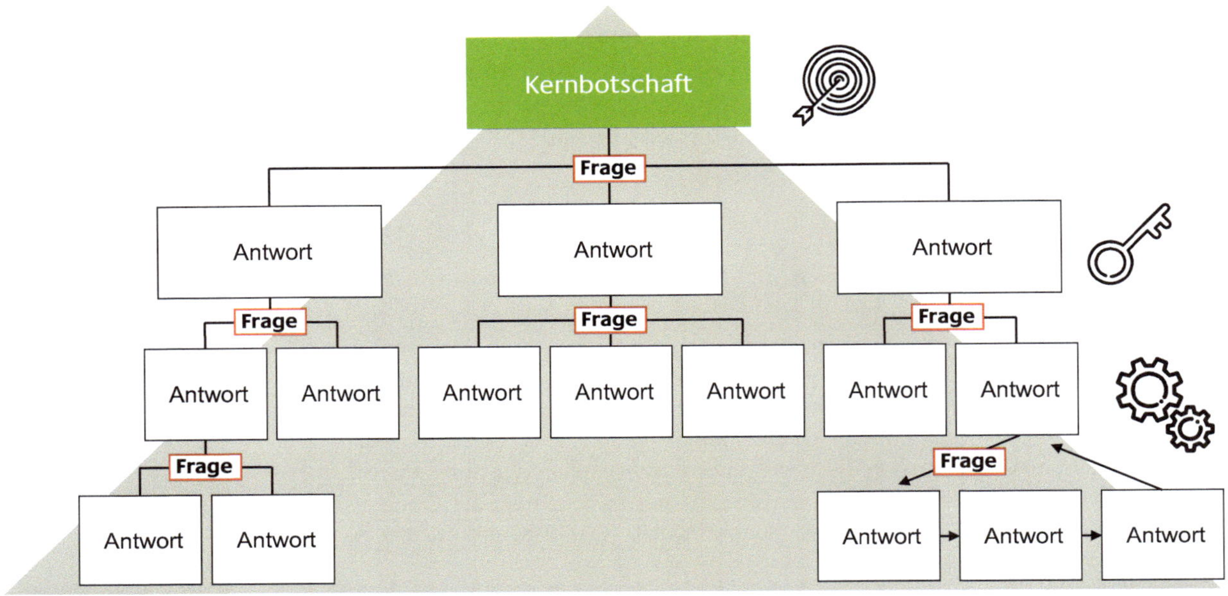

Abb. 13: Frage-Antwort-Beziehung hält die Empfängerorientierung aufrecht

Jede Botschaft kann weitere Fragen beim Empfänger auslösen, deren Beantwortung durch logische Gruppen oder logische Ketten die nächsttiefere Ebene bildet. Typische Fragen können lauten:

- Warum ist das so?
- Wie wird das Ziel erreicht?
- Wie kam es zur derzeitigen Situation?
- Welchen Nutzen bringt die Empfehlung?
- Was habe ich davon?
- Wie viel kostet das?
- Wann ist es fertig?
- Etc.

Wird beim Empfänger keine Frage mehr ausgelöst, ist keine weitere Untermauerung erforderlich und die letzte Ebene innerhalb dieses Strangs der Struktur erreicht. Dies ist z. B. der Fall, wenn kein näherer Detaillierungsbedarf des Empfängers zu einem Punkt besteht, der Empfänger zu einem bestimmten Themenbereich bereits ausreichend Vorwissen hat oder ein Konsens erreicht ist.

Aus dieser fragengeleiteten Vorgehensweise resultiert eine Struktur, die sich innerhalb der Pyramide vertikal von oben nach unten zieht. Dieser Top-down-Ansatz führt bei konsequenter Anwendung zu einer durchgängig empfängerorientierten, in sich schlüssigen Storyline.

Die Struktur der zweiten Ebene aus der vermuteten Reaktion der Empfänger ableiten

Die Kernbotschaft löst unmittelbar eine Frage beim Empfänger aus. Die vermutete Reaktion des Empfängers auf die Kernbotschaft bestimmt, ob in der zweiten Ebene mit der logischen Gruppe oder der logischen Kette weitergearbeitet wird:

- Bei vermuteter neutraler oder positiver Reaktion der Empfänger wird mit der logischen Gruppe gearbeitet. Die Frage kann in diesem Fall z. B. »Wie?«, Was?«, »Wann?« etc. lauten. Auch ein wohlwollendes oder neutrales »Warum?« ist möglich.
- Bei vermuteter skeptischer oder ablehnender Reaktion des Empfängers empfiehlt es sich, die logische Kette anzuwenden. Diese nutzt eine lineare Argumentation, um die Empfänger von der Kernbotschaft zu überzeugen. Die dazugehörige Frage ist ein skeptisches oder ablehnendes »Warum?«.

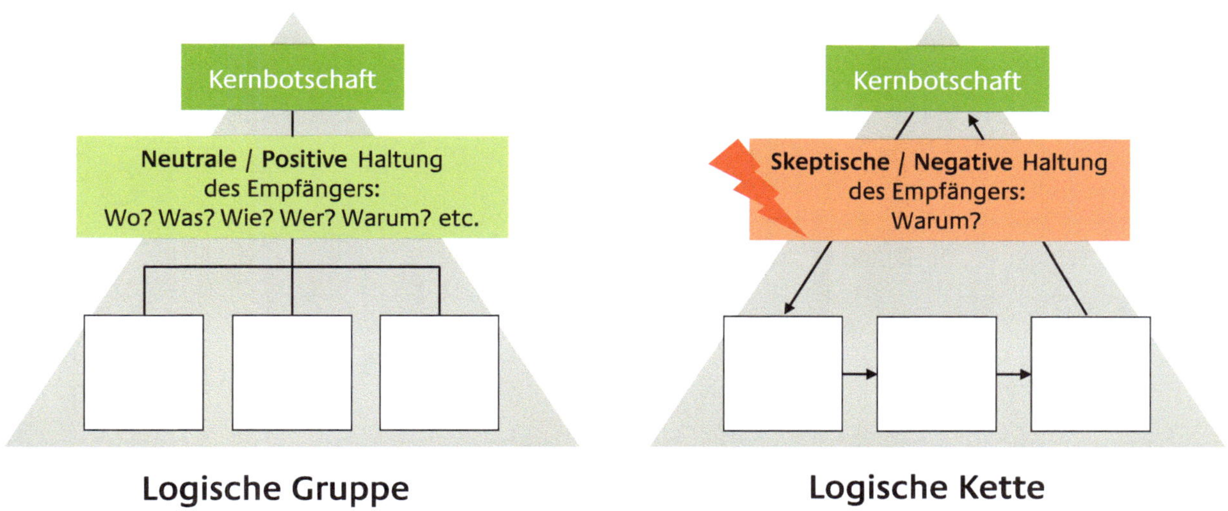

Abb. 14: Die Haltung der Empfänger zur Kernbotschaft bestimmt die Struktur der zweiten Ebene

4.1 Mit der logischen Gruppe gleichartige Argumente ordnen

Als Grundform der Pyramide geht die logische Gruppe auf das Bedürfnis der Menschen ein, logische Muster zu bilden. Die logische Gruppe zeichnet sich dadurch aus, dass sie komplexe Informationen in besser verständliche Teile untergliedert und Übersichtlichkeit schafft.

Wenn die Empfänger der Kernbotschaft grundsätzlich positiv oder neutral gegenüberstehen, können mit der logischen Gruppe sofort Maßnahmen, Schritte etc. aufgeführt werden, die die Kernbotschaft stützen.

Definition: Punkt

Mit »Punkt« wird ein Element der pyramidalen Struktur bezeichnet, welches in den Abbildungen als ein Kästchen dargestellt wird. Synonym dafür werden Aussage, Element, Argument oder Objekt verwendet.

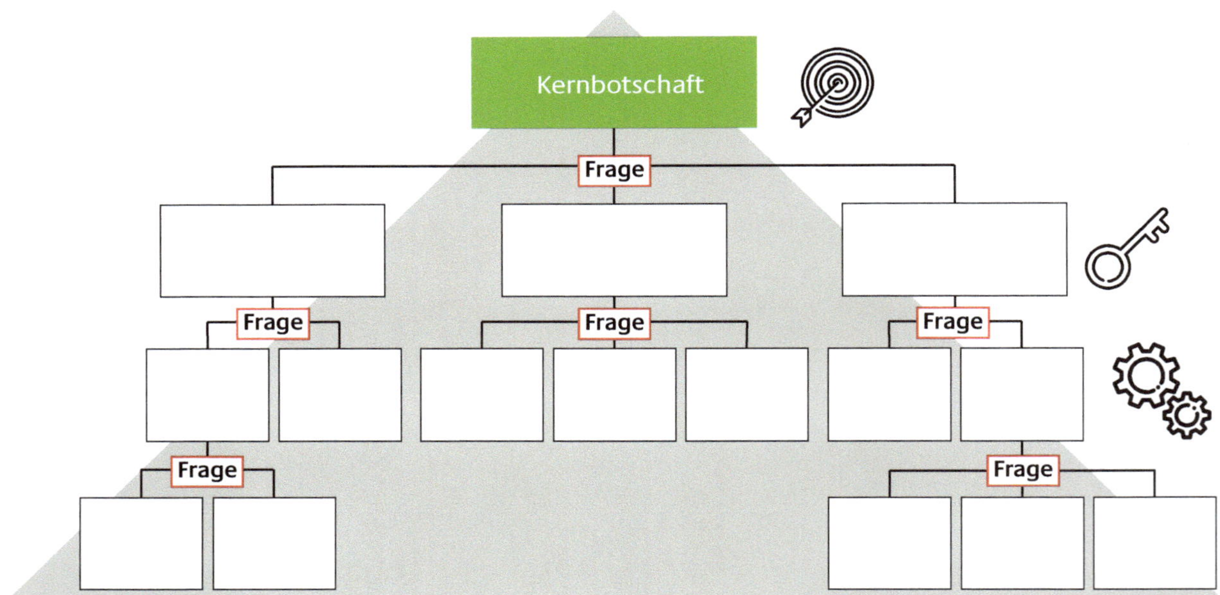

Abb. 15: Gleichartige Aussagen mit logischen Gruppen gliedern

Eine logische Gruppe besteht aus minimal zwei bis maximal fünf gleichartigen Punkten,[19] die die darüber liegende Aussage stützen

- Gleichartig sind die Aussagen, wenn sie auf einen gemeinsamen Nenner zurückzuführen sind und damit den darüber liegenden Punkt stützen. Damit folgen die Punkte dem Prinzip der induktiven Logik (vgl. Conn & McLean 2018, S. 188, und Minto 2005). Zudem sind die Punkte innerhalb einer Gruppe in ihrer Logik zueinander stimmig (siehe hierzu das GÜTE-Siegel, als Vertiefung zu den logischen Gruppen am Ende von Kapitel 4.1).
- Mindestens zwei Punkte sind erforderlich, um überhaupt eine Gruppe zu bilden. Wird nur ein Punkt gefunden, so ist dieser lediglich eine Detaillierung zu der zu stützenden Aussage. In diesem Fall werden die in der Ebene darüber liegende Aussage und die Detaillierung zusammengelegt, sodass eine einzige, präzisere Aussage entsteht, auf die wiederum eine Frage folgen kann. Dabei ist darauf zu achten, dass auch nach der Zusammenlegung die neu formulierte Aussage zu den anderen Aussagen in der logischen Gruppe gleichartig bleibt. Beispiel: Die Schlüsselbotschaft lautet »Die sichere Betriebsführung wird durch das Regelwerk gewährleistet«, das Detail dazu »Signalbuch und Fahrdienstvorschrift beachten«. Zusammengelegt ergibt sich »Die sichere Betriebsführung wird durch Signalbuch und Fahrdienstvorschrift gewährleistet«.
- Fünf Punkte sind die Obergrenze für eine funktionierende logische Gruppe. Darüber können die Informationen nicht mehr klar miteinander in Verbindung gesetzt und eingeordnet werden.[20] Gibt es mehrere Punkte, sind diese auf ihre Gleichartigkeit zu prüfen. Gegebenenfalls gehören einige dieser Punkte als Detaillierungen in die nächsttiefere Ebene. Ausnahmen sind möglich, wenn es keine sinnvolle Unterteilung gibt, z. B. werden bei sechs Vertriebswegen alle sechs in einer Gruppe dargestellt.

Ist trotz Empfängerorientierung nicht sicher, ob der Empfänger tatsächlich wohlwollend auf die Kernbotschaft oder sehr wichtige darunter folgende Elemente reagiert, sollte der Sender an den entsprechenden Punkten auf den Einsatz einer logischen Kette vorbereitet sein. Im Zweifelsfall wird eine logische Kette als Sicherung für die entsprechenden Punkte vorbereitet, die jedoch nicht in die Struktur direkt mit aufgenommen wird. Diese kann im Bedarfsfall eingesetzt werden (siehe Kapitel 4.2).

Auch veränderte Kommunikationssituationen können zur nachträglichen Ergänzung einer logischen Kette führen, z. B. wenn der Empfängerkreis unvorhergesehen erweitert wird, etwa durch abweichende Interessengruppen (siehe dazu auch das Anwendungsbeispiel Hyper Seal, wo dies auf den Produktionsleiter Heribert Schmidt zutrifft).

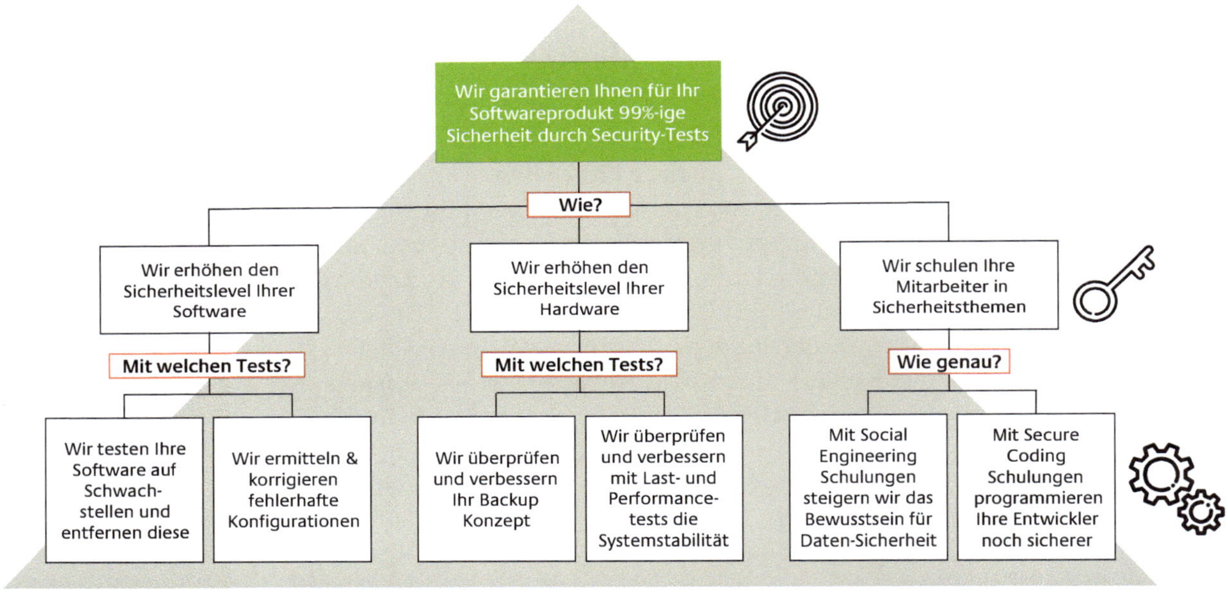

Abb. 16: Beispiel »Security-Tests«: Logische Gruppe auf Ebene der Schlüsselbotschaften mit Verbindungswort »und«. Ein IT-Dienstleister präsentiert beim fachlichen Ansprechpartner des Unternehmens, dessen Hard- und Software er betreut. Auf die Kernbotschaft erwartet der IT-Dienstleister die Frage des Kunden, wie die 99-prozentige Sicherheit gewährleistet werden kann. Die Schlüsselbotschaften auf der zweiten Ebene geben darauf die Antwort.

Die Punkte einer logischen Gruppe können in drei Bezügen zueinander stehen[21]

Es gibt drei verschiedene Strukturen, um Punkte innerhalb einer logischen Gruppe zueinander in Bezug zu setzen:

Und-Gruppe: einander ergänzende Aussagen, z. B. verschiedene Maßnahmen zur Eindämmung des Schadstoffausstoßes einer Fabrik, die gemeinsam zu einer Verbesserung führen.

Beispiel:

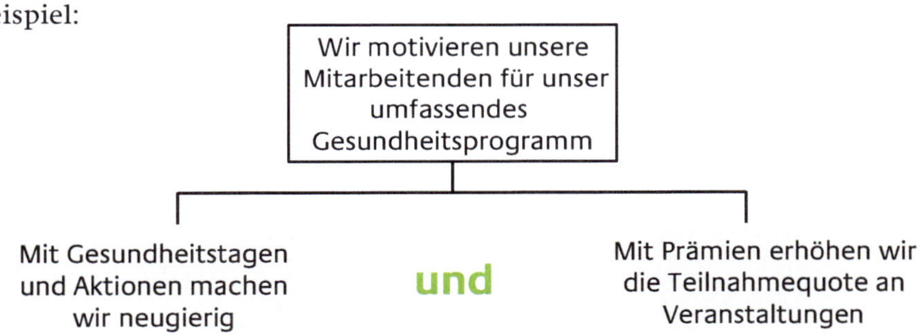

Oder-Gruppe: einander ausschließende Aussagen, z. B. unterschiedliche Bau- oder Renovierungsmethoden, um einen Hochwasserschaden an einem Gebäude zu beseitigen.

Beispiel:

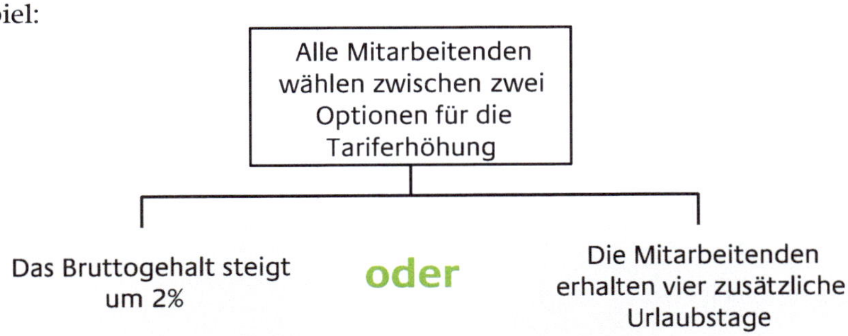

Danach-Gruppe: in einem Prozess aufeinander folgende und aufbauende Aussagen, z. B. die aufeinanderfolgenden Projektschritte zum Marketingstart einer neuen Softdrink-Sorte.

Beispiel:

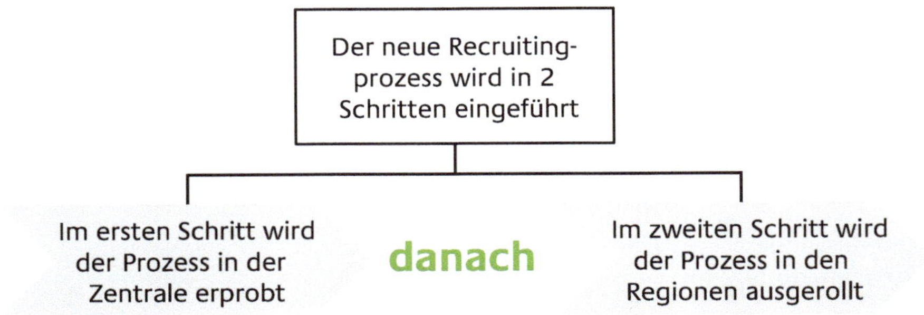

Bei Und- sowie Oder-Gruppen erfolgt die Reihung nach einem von drei Kriterien:

- Nach der Wichtigkeit für den Empfänger: Hier steht entsprechend die wichtigste Aussage zuerst. Für den Empfänger weniger gefragte oder auch auf Ablehnung oder Skepsis stoßende Punkte, die jedoch vom Sender platziert oder der Vollständigkeit halber genannt werden müssen, folgen im Anschluss. So besteht nicht die Gefahr, dass die auf Ablehnung stoßenden Punkte zu ausführlich diskutiert werden und für den wichtigsten Punkt keine Zeit mehr bleibt.
- Nach der Wichtigkeit für den Sender: Bei argumentativen Gruppen kann der Sender die Punkte nach eigener Priorität ordnen.
- Nach der inneren logischen Gewichtung der Information: Bei Punkten, die einer logischen Struktur folgen, sollten diese entsprechend geordnet sein, z. B. nach höchstem oder geringstem Umsatz gegliedert.

Bei Danach-Gruppen ist die Reihung bereits durch die prozessuale oder zeitliche Struktur vorgegeben.

Die Bezüge der logischen Gruppen später für die Visualisierung nutzen

Es hilft nicht nur für ein besseres Verständnis, die logischen Gruppen klar und konsequent nach Und-, Oder- sowie Danach-Gruppen zu ordnen. Auch bei der Visulisierung in einem Foliensatz bestimmt die jeweilige Beziehung in einer logischen Gruppe die Auswahl der Form mit (siehe Kapitel 7.2).

Übung F

Ordnen Sie die unten aufgelisteten Aussagen mithilfe von logischen Gruppen unter der Kernbotschaft, sodass eine pyramidale Struktur entsteht.

Die Kernbotschaft lautet: »Die Supermarktkette Ultrakauf muss drei Produktbereiche stärker am Markt ausrichten.«[22]

- Weitere Fertiggerichte ohne Süßungsmittel aufnehmen
- Transportwege so kurz wie möglich halten
- Fischprodukte dem Nachhaltigkeitsbewusstsein anpassen
- Regionale Qualitätssiegel einbinden
- Obst und Gemüse stärker regional ausrichten
- Bei Fertiggerichten weniger Zusatzstoffe sicherstellen
- Anzahl der Gerichte mit Geschmacksverstärkern auf 50 Prozent reduzieren
- Saisonal planen und bewerben
- Bei bestehenden Fischprodukten Herkunft angeben
- Neue nachhaltige Fischprodukte entwickeln

Ziel der Übung ist, das Gruppieren von gleichartigen Aussagen zu verinnerlichen, um eigene Themen nach logischen Gruppen gliedern zu können.

Hinweise:

- Neben der Kernbotschaft sind Schlüsselbotschaften und Detailbotschaften enthalten. Die Schlüsselbotschaften untermauern die Kernbotschaft, die Details wiederum die Schlüsselbotschaften.
- Überlegen Sie sich, welche Frage eine Aussage bei den Empfängern aufwirft. Gibt es andere Aussagen, die als gleichartige Gruppe diese Frage beantworten können?
- Überprüfen Sie, ob die von Ihnen gefundenen Aussagen einer Gruppe wirklich gleichartig zueinander sind. Wenn ja, passt die darüber stehende Botschaft als zusammenfassender Punkt?
- Notieren Sie seitlich zu jeder gefundenen Gruppe, in welchem Bezug die Aussagen zueinander stehen (Und-, Oder-, Danach-Gruppe).

- Als Hilfestellung können Sie die einzelnen Punkte auf Haftnotizen festhalten und diese an einer glatten leeren Fläche anheften. So erhalten Sie schnell eine Übersicht und können die Struktur leicht anpassen.

Nehmen Sie sich ca. 15 Minuten Zeit. Die Lösung mit Erläuterungen finden Sie am Ende des Buches.

Standardstrukturen greifen auf etablierte Denkmuster zu

Die Herangehensweise über die Frage-Antwort-Beziehung kann bei logischen Gruppen mit der Einbindung von Standardstrukturen erweitert werden.[23] Jeder Mensch ist in seinen gedanklichen Strukturen durch Veranlagung und Erfahrung geprägt. Wir denken oft in Standardstrukturen, die Sie sich als bewährte gedankliche Pfade bei der Anordnung von Informationen und Argumenten vorstellen können. Die Strukturierung in Pro und Contra ist ein klassisches Beispiel für eine Standardstruktur zur Entscheidungsfindung, die wir ganz automatisch einsetzen und die allgemeinverständlich ist.

Interessant sind diese Strukturen bei der Empfängerorientierung innerhalb der Pyramidenstruktur. Es ist möglich, dass eine Botschaft beim Empfänger die Erwartung nach einer für ihn als selbstverständlich wahrgenommenen Standardstruktur auslöst. Diese Reaktion kann der Sender nutzen, indem er die eigene leitende Frage an diese Struktur anpasst und damit auf die Erwartungen des Empfängers in der logischen Gruppe auf der nächsttieferen Ebene eingeht.

Beispiel: Ein Mitarbeiter eines Projekts präsentiert dem Projektmanagement den Vorschlag »Wir schlagen vor, die Software für das Steuerungstool um Funktion X zu erweitern«. Es ist wahrscheinlich, dass der Projektmanager daraufhin an die drei klassischen Parameter Zeit, Kosten und Qualität denkt und diese Struktur in der Folge erwartet. Die Frage des Empfängers würde in diesem Fall also lauten: »Wie ist dieser Vorschlag zeitlich, bezüglich der Kosten und der Qualität umsetzbar?« Die folgende Beantwortung wird ausgehend davon in diese drei Teilabschnitte untergliedert und trifft damit die Erwartungen des Empfängers: Zur Qualität: »Funktion X erhöht die Datenqualität von 92 auf 97 Prozent«. Zu den Kosten: »Die Implementierung ist mit 18k€ umsetzbar«. Zur Zeit: »Die Einbindung ins System ist mit allen Tests innerhalb von sechs Wochen abgeschlossen.« Bei der allgemeineren Frage des Empfängers »Wie ist das umsetzbar?« ist diese Aufteilung nicht automatisch gegeben.

Standardstrukturen lassen sich unterteilen in:

- allgemein
- beruflich

Allgemeine Standardstrukturen

Es gibt eine Reihe stark konventionalisierter Standardstrukturen, auch außerhalb des beruflichen Kontextes. Diese grundlegenden Strukturen sind fest im Alltag verankert, erleichtern die gedankliche Gliederung und Verarbeitung von Inhalten. So bleiben Aufnahmefähigkeit und Konzentration länger aufrechterhalten.

Ein Beispiel für allgemeine Standardstrukturen ist das Denken in Gegensätzen, welches nahezu in allen Sprachen und Kulturen etabliert ist. Dazu stehen eigenständige Begriffspaare zur Verfügung, die weitestgehend gleich interpretiert werden, unabhängig vom Kommunikationskontext. Weitere Beispiele für allgemein verstandene Standardstrukturen sind:

Gegensatzpaare:

- Vorteile – Nachteile
- Wir – die anderen
- Intern – extern
- Alt – neu
- Vorher – nachher
- Inland – Ausland
- Ist – Soll

Zeitliche Einordnung:

- Erst – dann
- Vergangenheit – Gegenwart – Zukunft
- Temporär – dauerhaft
- Kurzfristig – mittelfristig – langfristig
- Nach Monaten / Quartalen / Halbjahren / Jahren

Berufliche Standardstrukturen

Vor allem in der beruflichen Kommunikation sind Denkmuster etabliert, die innerhalb von Branchen, Unternehmen und Abteilungen als selbstverständlich wahrgenommen werden. Die Nutzung dieser Strukturen bei der entsprechenden Zielgruppe bietet den Vorteil, dass diese Denkmuster bei den Empfängern angelegt sind und zu vermittelnde Inhalte daher effektiv eingeordnet und verstanden werden können.

Eine weitere Spezialisierung der Denkmuster ist innerhalb einzelner Unternehmen oder Unternehmensgruppen möglich. Organisationsinterne Strukturen werden häufig über die gemeinsame Definition von Begrifflichkeiten etabliert und in den Berufsalltag integriert. Sie sind zumeist abhängig von betrieblichen Bedingungen, wie etwa der Aufteilung in verschiedene Abteilungen, der Unternehmenshierarchie, dem Marktsegment oder Ähnlichem. Auch hier gilt es, sich darauf einzustellen und diese spezifischen Denkmuster in der entsprechenden Kommunikationssituation gezielt anzuwenden.

Bei externen Kunden aus einer anderen Branche ist es wahrscheinlich, dass die Denkmuster der Zielgruppe von den eigenen abweichen. Um dieses Problem zu umgehen, ist es sinnvoll, sich mit den Standardstrukturen des Empfängers vertraut zu machen und diese in die pyramidale Aufbereitung des Themas mit aufzunehmen. Ist dies nicht möglich, wird mit der Frage-Antwort-Beziehung gearbeitet.

Beispiele für geschäftlich etablierte Standardstrukturen sind:

- Angebot – Nachfrage
- Umsatz – Kosten
- Input – Output
- Zwingend – optional
- Zeit – Kosten – Qualität
- Stärken – Schwächen – Chancen – Risiken (SWOT-Analyse)
- Ist-Analyse – Ziel – Strategie
- Phasen / Prozessschritte
- Funktionen / Abteilungen / Geschäftsfelder
- Standorte / Regionen
- Stakeholder
- Kundensegmente

Vorsicht: Standardstrukturen bedienen bewährte Muster, die unter Umständen eine offene Frage-Antwort-Beziehung einengen. Möglicherweise fallen deswegen wichtige Punkte weg, die mit einer logischen Gruppe gleichartiger Aussagen erschöpfend berücksichtigt werden könnten – ohne vorher definierte Standardstruktur. Daher gilt es, sie mit Bedacht einzusetzen.

Anwendungsbeispiel »Hyper Seal« zur Veranschaulichung der logischen Gruppe

Mit der SKFK-Methode hat der Projektleiter Jonas Bäcker seine Kernbotschaft bestimmt. Als nächsten Schritt gilt es, die pyramidale Struktur für die geplante Präsentation der Empfehlungen aus dem Projekt vorzubereiten.
Bei der Präsentation werden zunächst die Geschäftsführerin Marlene Grün und der Marketingleiter Fernando Gomez dabei sein. Von beiden erwartet Jonas Bäcker eine offene und unterstützende Einstellung, also geringe Skepsis. Daher nutzt Jonas Bäcker eine Struktur mit Logischen Gruppen.

Marlene Grün bringt Jonas Bäcker grundsätzlich ein großes Vertrauen entgegen und wird Lösungen unterstützen, die die Existenz ihres Familienunternehmens sicherstellen. Gleichzeitig widersprechen die Lösungen nicht ihrem Ziel, die Preise nicht weiter zu senken.

Der Marketingleiter Fernando Gomez wird die Vorschläge, das Onlinemarketing auszuweiten begrüßen, da sie ihm die Möglichkeit geben, seine Visionen weiter voranzutreiben und sich stärker im Unternehmen zu positionieren.

Aus terminlichen Gründen wird Produktionsleiter Heribert Schmidt nicht anwesend sein, weshalb dessen spezifischen Interessen in der Planung der Präsentation nicht berücksichtigt werden.
Zusammen mit seinem Team gliedert Jonas Bäcker als nächstes die aus den Ergebnissen der Marktanalyse abgeleiteten Maßnahmen. Dazu klebt Herr Bäcker ein Post-it mit der Kernbotschaft an die Wand. Danach erarbeiten sie gemeinsam die pyramidale Struktur, für welche ebenfalls alle Punkte als Botschaften auf einzelnen Post-its notiert werden. Daraus ergibt sich die folgende pyramidale Struktur:

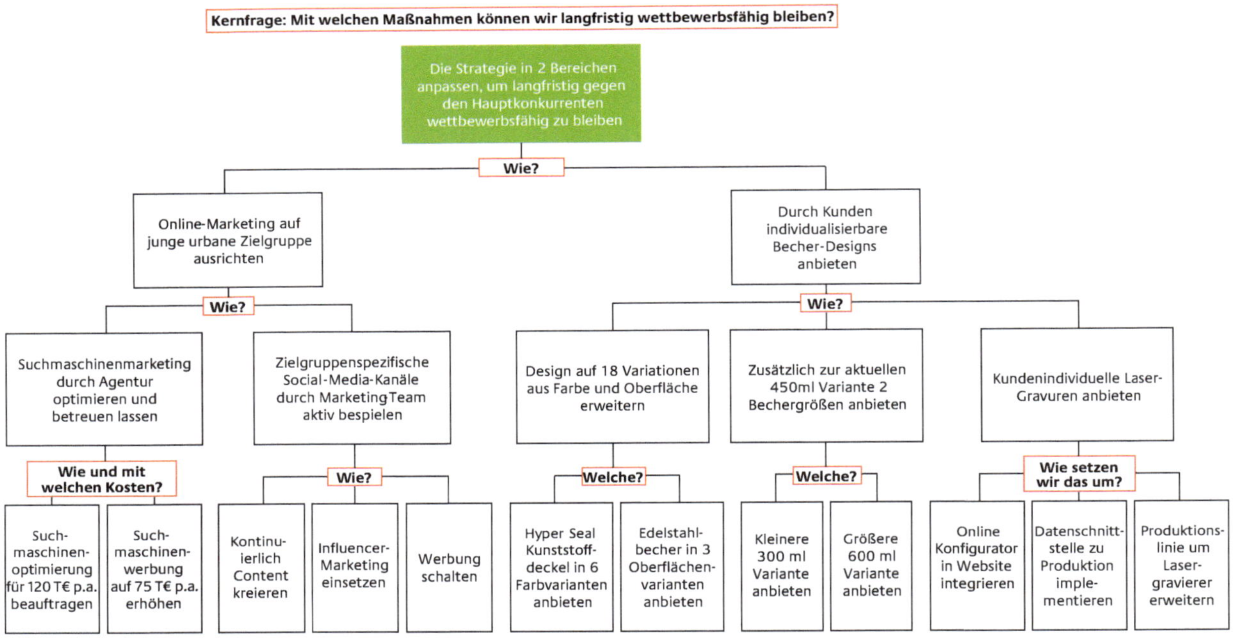

Abb. 17: Pyramidale Struktur mit logischer Gruppe zum Anwendungsbeispiel »Hyper Seal«

Vertiefung: Mit dem GÜTE-Siegel logische Gruppen veredeln

GÜTE ist ein Akronym für die vier Prüfkriterien für logische Gruppen innerhalb der pyramidalen Struktur:

Gleichartig: Inhaltlich und formal gleichartige Formulierungen erleichtern das Verständnis.

Überschneidungsfrei: Sich inhaltlich nicht überlappende Aussagen sichern eine stringente Argumentation.

Treffend: Prägnante und fokussierte Formulierungen sowie konkrete Zahlenangaben vermeiden Missverständnisse.

Erschöpfend: Das Berücksichtigen aller relevanten Inhalte gewährleistet eine vollständige Argumentation.

Mit der Erfüllung der Kriterien ist sichergestellt, dass die logische Gruppe formal und inhaltlich optimiert ist. Das GÜTE-Siegel dient als Werkzeug, um logische Gruppen möglichst kohärent auszuarbeiten. Es geht zurück auf die Roland Berger Management Consultant Company.

Die Überlegungen dazu basieren auf den MECE-Prinzipien von Barbara Minto. Minto prüft logische Gruppen nach den Aspekten Mutual Exclusive (ME) und Collectively Exhaustive (CE), wobei im GÜTE-Siegel Mutual Exclusive mit »Überschneidungsfrei« abgebildet wird und Collectively Exhaustive mit »Erschöpfend«.

Übung G

Überprüfen Sie die folgenden Beispiele mit dem GÜTE-Siegel.
Ziel der Übung ist, die logischen Gruppen gemäß den einzelnen Kriterien zu optimieren. Formulieren Sie die Aussagen bei Bedarf um.

Hinweise:
- Bei den folgenden Beispielen können ein oder mehrere Aspekte falsch sein.
- Es können Aspekte fehlen.
- Lösungsvorschläge finden Sie im Kapitel »Beispiellösungen«.

Nehmen Sie sich dafür ca. 15 Minuten Zeit.

Gleichartig: Welche Aussage ist inhaltlich oder formal nicht gleichartig? Warum? Wie kann die Aussage richtig formuliert werden?

G1: Der Spielwarenverkäufer ToyToys sollte sein Produktportfolio anpassen.
- Ökologisches Holzspielzeug aufnehmen
- Stofftiere ausbauen
- Scherzartikel laufen schlecht
- Modellbau reduzieren

G2: Wir müssen unsere Wertanlagen besser diversifizieren.
- Aufstocken von Staatsanleihen
- Gold kaufen
- Aktien müssen abgestoßen werden
- Anlagen in Immobilien ausbauen

G3: Das Innovationsprojekt bringt klare Vorteile.

- Das Projekt unterstützt die Ziele der Konzernstrategie.
- Die Modernisierung des Fuhrparks ist dringend erforderlich.
- Das Projekt erhöht die Wettbewerbsfähigkeit.
- Das Projekt steigert das Image des Konzerns.

Überschneidungsfrei: Welche dieser Aussagen sind nicht überschneidungsfrei? Warum? Wie kann die Überschneidungsfreiheit erreicht werden?

Ü1: Wir gehen gewinnbringende Kooperationen ein.

- Mit Universitäten
- Mit Wettbewerbern
- Mit Unternehmen anderer Branchen
- Mit Marktteilnehmern

Ü2: Wir sprechen unsere Zielgruppe über spezifische Kanäle an.

- Social Media
- TV
- Internet
- Radio
- Suchmaschinenmarketing

Ü3: Wir kooperieren mit lokalen Vertriebspartnern.

- In Deutschland
- In Frankreich
- In Österreich
- In Bayern

Treffend: Welche Aussagen sind nicht treffend formuliert? Warum? Wie kann die Aussage treffend formuliert werden?

T1: Die Umstrukturierung der Abteilung führt zu hervorragenden Ergebnissen.

- Senkung der Ausgaben um 7 Prozent
- Maßgeblicher Anstieg der Verkäufe
- Verkürzung der Lieferzeit um 5 Prozent
- Deutliche Erhöhung des Gewinns

T2: Das Segment »Garten und Balkon« muss erweitert werden.
- Tragbare Gasgrills ins Grillgerätesortiment aufnehmen
- Sitzmöbel ins Gartenmöbelsortiment aufnehmen
- Solarbetriebene Laubsauger ins Gartengerätesortiment aufnehmen

Erschöpfend: Warum sind diese Gruppen nicht erschöpfend? Welche Aussagen fehlen?

E1: Der Großteil der Ware wird über Land transportiert.
- 60 Prozent Landverkehr
- 20 Prozent Luftverkehr

E2: Unser Unternehmen ist weltweit am Markt vertreten.
- Nordamerika
- Südamerika
- Europa
- Asien

Freies Beispiel (alle vier GÜTE-Kriterien)

Marktlage für Smartphones weltweit:
- Enormes Wachstum in Asien
- Interesse an innovativen Produkten in den USA nach wie vor hoch
- Europa gesättigt, Umsatz geht seit 2008 zurück
- Konstanter Boom im südamerikanischen Markt
- In Russland wurden vergangenes Jahr durch die erstarkende Mittelschicht 17 Prozent mehr Smartphones abgesetzt
- Afrika: großes Potenzial, vor allem in Metropolen
- Brasilien zeigt weiterhin sehr gute Absatzzahlen

4.2 Mit der logischen Kette linear argumentieren, um bei Skepsis und Ablehnung zu überzeugen

Die logische Kette ist die zweite Gliederungsform innerhalb der Pyramide. Sie setzt sich aus aufeinander aufbauenden linearen Argumenten zusammen. Dies erlaubt es, mit einer deduktiven Logik zu argumentieren. Ihre

Elemente sind die einführende Aussage, die darauffolgende kommentierende Aussage und die sich daraus ergebende Schlussfolgerung.

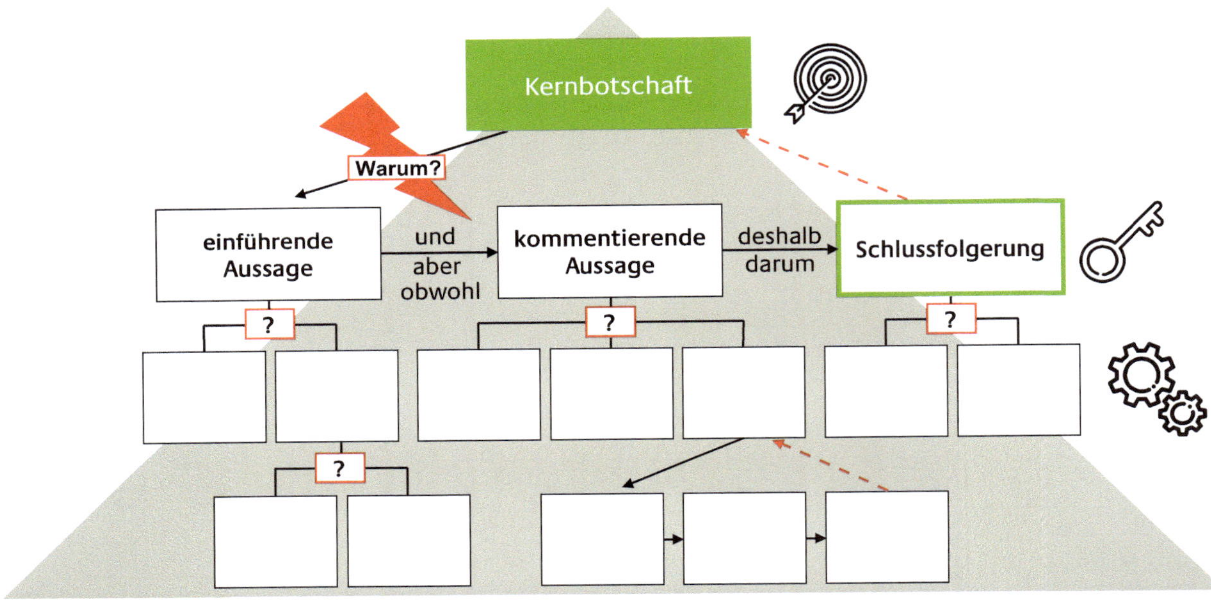

Abb. 18: Eine logische Kette auf der zweiten sowie auf der vierten Ebene

Die logische Kette ist ein argumentativer Ansatz, der verwendet werden kann, um bei skeptischer oder negativer Haltung der Empfänger zu einzelnen Aussagen reagieren zu können. So werden gezielt Einwände aufgegriffen, behandelt und gegebenenfalls auch vorweggenommen. Diese Einwände kommen meist auf, wenn das kommunizierte Anliegen des Senders von der Erwartung des Empfängers abweicht. Z. B. wenn eine Änderung der bisherigen Abläufe (Change-Prozess) oder Mehrarbeit und Mehraufwand auf den Empfänger zukommen. Durch den Einsatz von logischen Ketten treten bei einer möglichen folgenden Diskussion gewöhnlich weniger Einwände auf, da Teile davon bereits gezielt vorweggenommen und behandelt wurden.

Die logische Kette setzt bei den Punkten an, bei denen bereits beim Perspektivwechsel eine skeptische oder ablehnende Haltung der Empfänger identifiziert wurde. Dies kann Teilbereiche des Themas oder der Kommunikationssituation betreffen. Oft ergeben sich erst bei der Ausarbeitung der

Struktur der Pyramide Punkte, bei denen die Anwendung der logischen Kette erforderlich wird und die während des Perspektivwechsels in der Empfängeranalyse noch nicht absehbar waren.

Auch wenn an kritischen Punkten nicht zwingend davon auszugehen ist, dass Einwände kommen, sollte an diesen Stellen eine logische Kette vorbereitet werden. So ist im Bedarfsfall eine direkte Reaktion möglich, sei dies foliengestützt oder rein mündlich. Diese prophylaktische Vorbereitung von logischen Ketten empfiehlt sich ebenso für Botschaften, bei denen Einwände oder eine Ablehnung der Empfänger nicht klar vorherzusagen sind. Für eine weitgehend unbekannte Zielgruppe könnte es demnach sinnvoll sein, bei möglicherweise strittigen Aussagen logische Ketten in petto zu haben.

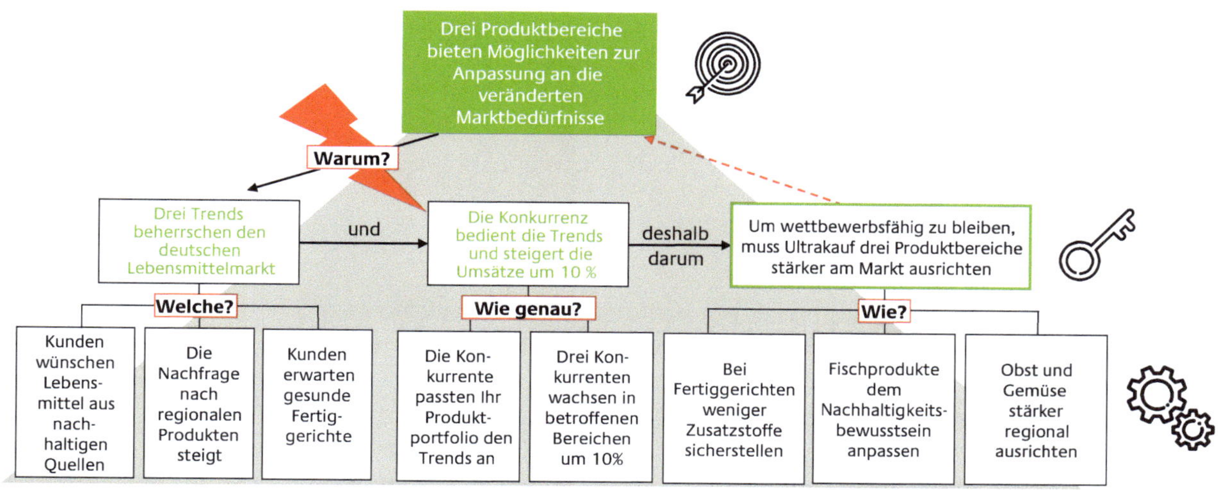

Abb. 19: Beispiel »Ultrakauf«: logische Kette auf Ebene der Schlüsselbotschaften mit Verbindungswort »und«. Zielgruppe ist die Leiterin der Abteilung Einkauf der Supermarktkette Ultrakauf, welche aktuell noch nicht die Notwendigkeit einer Anpassung sieht und daher skeptisch auf die Kernbotschaft reagiert.

Mit der logischen Kette werden die Empfänger dazu bewegt, die Schlussfolgerung zu akzeptieren und sie im besten Falle mitzutragen. Inhaltlich entspricht die Schlussfolgerung der angezweifelten und daher zu untermauernden Botschaft in der Ebene darüber. Damit steigert die logische Kette die Wahrscheinlichkeit, dass zunächst skeptisch oder ablehnend aufgenommenen Botschaften in der weiteren Argumentation gefolgt wird, mögliche

Einwände abgeschwächt werden oder erst gar nicht auftreten. Idealerweise nehmen die Empfänger die vorher kritisch oder ablehnend empfundene Aussage durch die auf sie abgestimmte Argumentation an.

Auch hier gilt es, die Möglichkeiten des Überzeugungsvorhabens realistisch einzuschätzen. Dafür kann wiederum das bereits vorgestellte ACCA-Modell genutzt werden.

Vorsicht: Trotz Ähnlichkeiten mit dem Aufbau der SKFK-Methode wird mit der logischen Kette ein anderes Ziel verfolgt. Bei der logischen Kette bilden einführende und kommentierende Aussage mit den Bewertungen und Einschätzungen des Senders den Mittelpunkt. Bei der SKFK-Methode dagegen steht die Komplikation des Empfängers im Fokus, welche zur Kernbotschaft führt. Weiterhin wird bei den analysierten Punkten nicht zwangsläufig von einer skeptischen oder negativen Einstellung des Empfängers ausgegangen. Daher ist die SKFK-Methode ein Werkzeug zur Herleitung der Kernbotschaft sowie einer möglichen Einleitung. Die logische Kette ist im Gegensatz dazu ein argumentatives Gliederungsschema innerhalb der pyramidalen Struktur.

Die drei Elemente der logischen Kette für eine effektive Argumentation kombinieren

Die logische Kette arbeitet mit einer kausalen Struktur von Argumenten, um konsequent Skepsis und Ablehnung der Empfänger entgegenzuwirken.

Strukturell ist die logische Kette immer in drei Elemente untergliedert:

- Einführende Aussage als erstes Kettenelement: Eine situative Detaillierung mit Bezug zur Botschaft, die diese je nach gewählter Kettenform stützt oder abschwächt
- Kommentierende Aussage als zweites Kettenelement: Eine wertende Kommentierung zur einführenden Aussage, die diese und die Botschaft stützt oder abschwächt
- Schlussfolgerung als drittes Kettenelement: Die Folge aus einführender und kommentierender Aussage, inhaltlich identisch zur gestützten Botschaft in der Ebene darüber

Einführende und kommentierende Aussage können je nach Argumentationsform mit unterschiedlichen Verbindungswörtern (und, aber, obwohl) in

Beziehung zueinander gesetzt werden. Diese ergeben sich aus der argumentativen Herangehensweise.

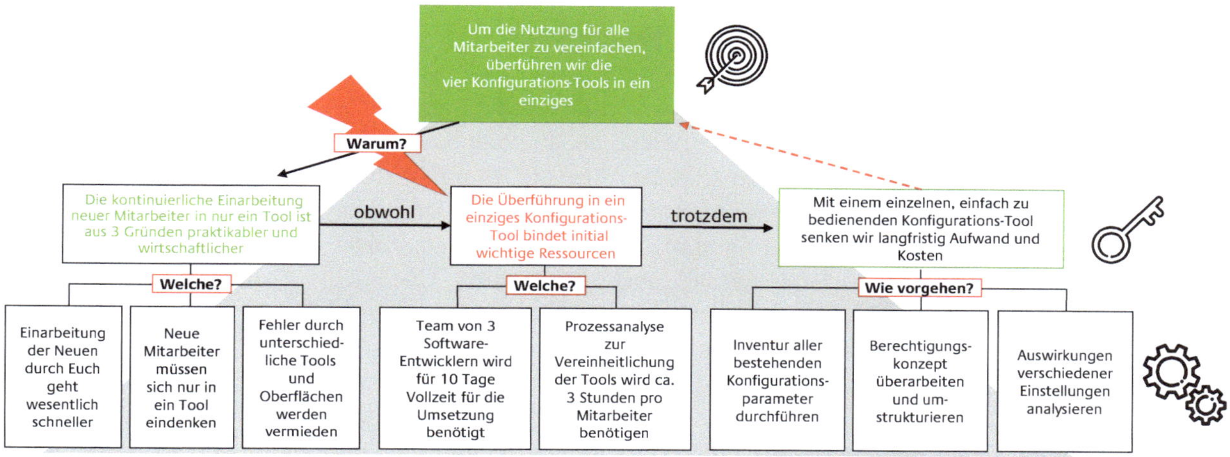

Abb. 20: Beispiel »Konfigurations-Tool«: logische Kette auf Ebene der Schlüsselbotschaften mit Verbindungswort »obwohl«. Zielgruppe sind die Mitarbeitenden, welche aktuell mit vier verschiedenen Software-Tools arbeiten und skeptisch auf das Umstellen auf ein einziges Tool reagieren.

Mit der einführenden Aussage den Sachverhalt darstellen

Mit der einführenden Aussage wird zunächst ein Sachverhalt beschrieben. Die einführende Aussage sollte im besten Falle einen inhaltlichen Konsens zwischen Sender und Empfänger schaffen, um auf dieser Gemeinsamkeit weiter aufbauen zu können.

Sowohl bei einführender als auch bei kommentierender Aussage sollten Sie auf eine eindeutige, sachlich fundierte Formulierung achten, um die Aussagen so wenig angreifbar wie möglich zu machen. Berufen Sie sich dabei im Idealfall auf anerkannte Quellen oder allgemeingültige Fakten, die nachprüfbar sind.

Sorgen Sie zudem für den gleichen Grad an Konkretisierung bei einführender und kommentierender Aussage: Ist die einführende Aussage quantitativ, etwa mit Prozentangabe, sollte dies auch auf die kommentierende Aussage zutreffen. Dies gilt entsprechend auch für qualitative Formulierungen. Je kohärenter die in Verbindung stehenden Aussagen formuliert sind, umso überzeugender wirken sie.[24]

Mit der kommentierenden Aussage auf die Schlussfolgerung hinführen

Durch die Kombination der einführenden mit der kommentierenden Aussage soll beim Empfänger die Motivation ausgelöst werden, seine skeptische oder negative Einstellung zu überdenken. Formuliert werden kann die kommentierende Aussage je nach gewählter Beziehung der Elemente zueinander in Form eines zu verwirklichenden Ziels oder einer Chance sowie als zu erwartendes Problem oder Risiko. Die kommentierende Aussage sollte bezüglich ihrer Formulierung unter Berücksichtigung des entsprechenden Verbindungswortes (und, aber, obwohl) auf die einführende Aussage abgestimmt sein.

Die Und-Kette setzt auf zwei unterstützende Punkte als forcierte Argumentation. Die Aber-Kette und die Obwohl-Kette arbeiten hingegen mit der Vorwegnahme von Einwänden, greifen also gezielt die Bedenken der Empfänger auf und geben diesen Raum, um die Einwände in der Folge zu entkräften.

Die Bezüge zwischen den beiden Aussagen sind demnach genau zu planen. Je besser die Aussagen zueinander passen, umso erfolgreicher ist die logische Kette.

Bedingt durch die Verbindungswörter können einführende und kommentierende Aussage in drei argumentativen Beziehungen zueinander stehen:

Und-Kette

Die einführende und die kommentierende Aussage untermauern zusammen die Botschaft und führen zur Schlussfolgerung. Bei der Anordnung mit dem Verbindungswort »und« unterstützen beide Aussagen die Botschaft, sie sind also »pro« bezüglich der Botschaft. Ist die gestützte Botschaft positiv formuliert, so sprechen beide Aussagen für die Botschaft (pro). Ist die gestützte Botschaft negativ formuliert, unterstreichen beide Aussagen dies entsprechend. Sie sind also wiederum »pro« bezüglich gestützter Botschaft, da sie die negative Tendenz der Botschaft aufgreifen. Die Argumentation wird so gezielt in eine Richtung forciert. Die für die Empfänger wichtigere oder leichter annehmbare Aussage wird an erster Stelle platziert, als einführende Aussage unmittelbar nach der zu untermauernden Botschaft. Die kommentierende Aussage an zweiter Stelle kann die Argumentation der einführenden Aussage aufgreifen und weiter verstärken oder diese mit einem zusätzlichen Argument erweitern.

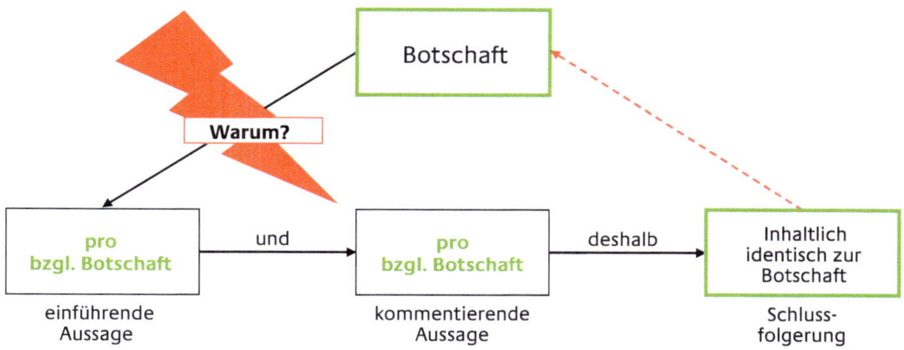

Abb. 21: Struktureller Aufbau der Und-Kette

Beispiel:

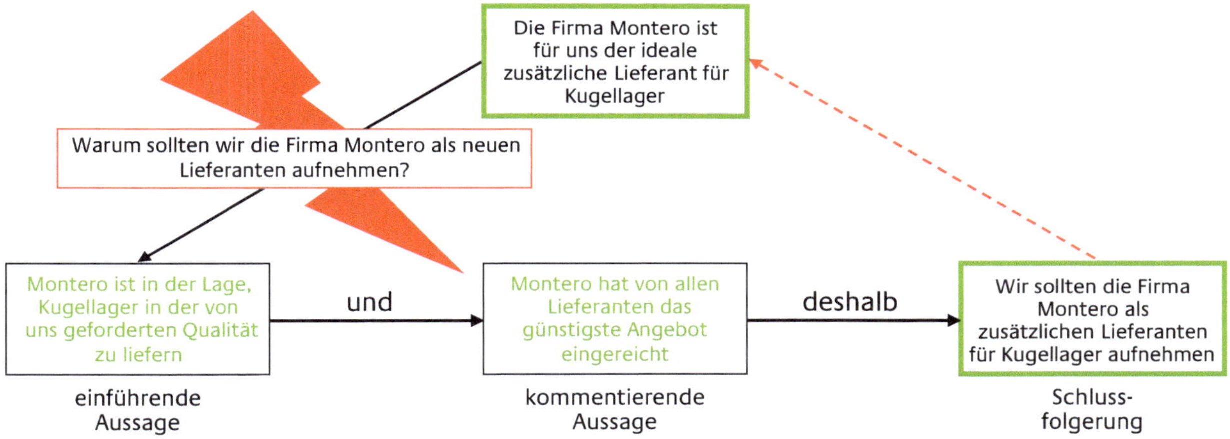

Abb. 22: Beispiel einer Und-Kette

Ein visualisiertes Beispiel für eine pyramidale Struktur mit Und-Kette auf Ebene der Schlüsselbotschaften zeigt die Abbildung 19 am Anfang dieses Kapitels auf S. 87.

Aber-Kette

Bei der Aber-Kette greift die schwache einführende Aussage ein Argument gegen die Botschaft auf (contra), während die starke kommentierende Aussage die Botschaft stützt (pro). Beide Aussagen werden über das Verbindungswort »aber« zusammengeführt. Als Vorwegnahme von Einwänden greift die einführende Aussage die Skepsis der Empfänger auf und kommt ihnen so entgegen. Dabei ist sie der für die Argumentation schwächere Aspekt, welcher vom wesentlichen Punkt, der kommentierenden Aussage, entkräftet wird. Die kommentierende Aussage überwiegt in der Argumentation und führt damit zur Schlussfolgerung. Sie schlägt also in dem Fall die einführende Aussage und ist immer »pro« bezüglich der gestützten Botschaft.

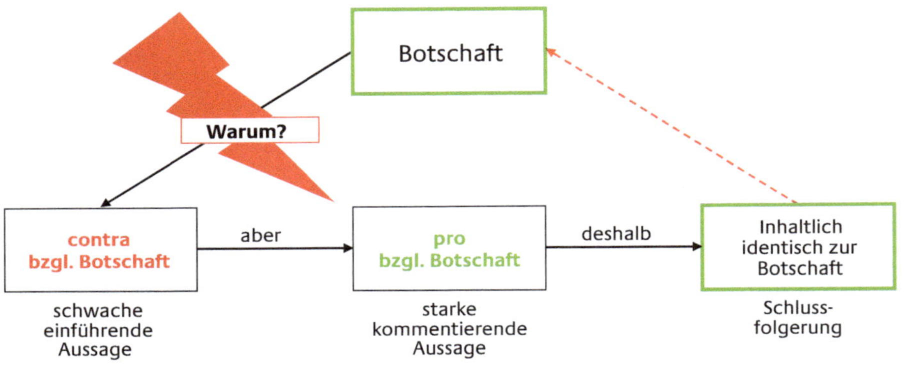

Abb. 23: Struktureller Aufbau der Aber-Kette

Beispiel:

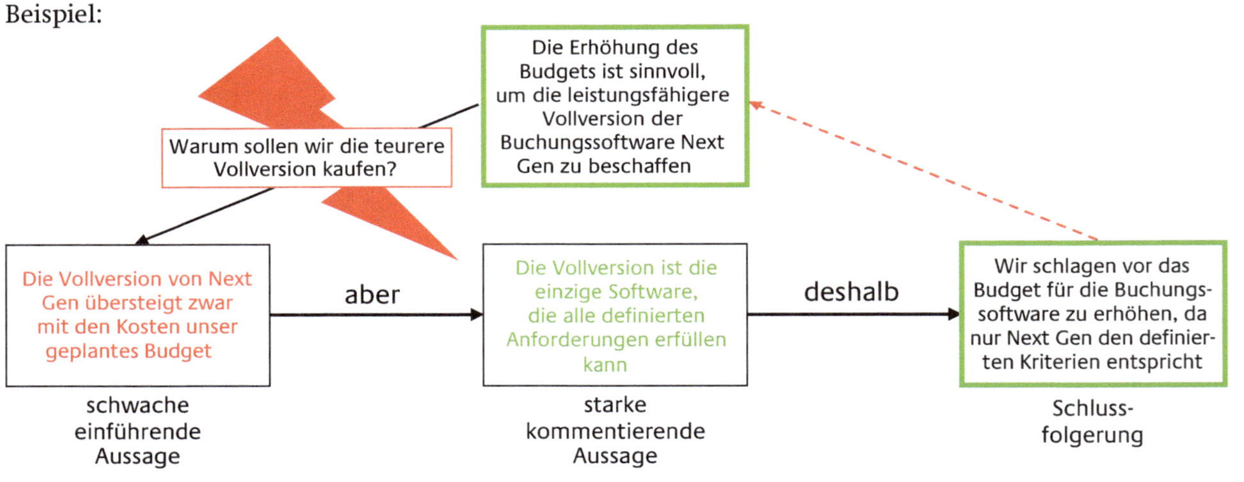

Abb. 24: Beispiel einer Aber-Kette

Ein visualisiertes Beispiel für eine pyramidale Struktur mit Aber-Kette auf der Detailebene unterhalb der zweiten Schlüsselbotschaft zeigt die Abbildung 28 des Anwendungsbeispiels Hyper Seal gegen Ende des Kapitels auf S. 101.

Vorsicht: Ein ausgesprochenes »aber« kann als Reizwort wahrgenommen werden. Ein klassisches Beispiel hierfür ist der Widerspruch mit »Ja, aber...«. Überlegen Sie daher gut, ob Sie stattdessen beim mündlichen Vortrag darauf verzichten, und stattdessen z.B. »gleichzeitig« sagen. Die Logik bleibt davon unberührt und ist auch so verständlich.

Obwohl-Kette

Bei der Obwohl-Kette stützt die starke einführende Aussage die Botschaft (pro), während die schwache kommentierende Aussage Argumente gegen die Botschaft aufgreift (contra). Beide Aussagen werden über das Verbindungswort »obwohl« zusammengeführt. Die einführende Aussage überwiegt in der Argumentation und ist »pro« bezüglich der zu stützenden Botschaft. Die kommentierende Aussage bildet eine Einschränkung ab, greift die Skepsis der Empfänger auf und kommt ihnen so entgegen. Jedoch führt dies in der Argumentation nicht dazu, dass die einführende Aussage revidiert werden muss. Der für die Argumentation stärkere Aspekt ist demnach als einführende Aussage formuliert und überzeugend genug, um die Schlussfolgerung für den Empfänger nachvollziehbar herbeizuführen. So wird mit der Obwohl-Kette der Skepsis oder Ablehnung auslösende Einwand der Empfänger aufgegriffen und behandelt.

Gerade bei starker Skepsis gegenüber der Kernbotschaft und besonders diskussionsfreudigen Empfängern eignet sich die Obwohl-Kette im Vergleich zur Aber-Kette besser. Das stärkere Argument (pro) wird bei der Obwohl-Kette zuerst genannt, sodass keine langwierigen Diskussionen zum vorweggenommenen Einwand (contra) erfolgen, bevor das starke Argument (pro) eingeführt wird.

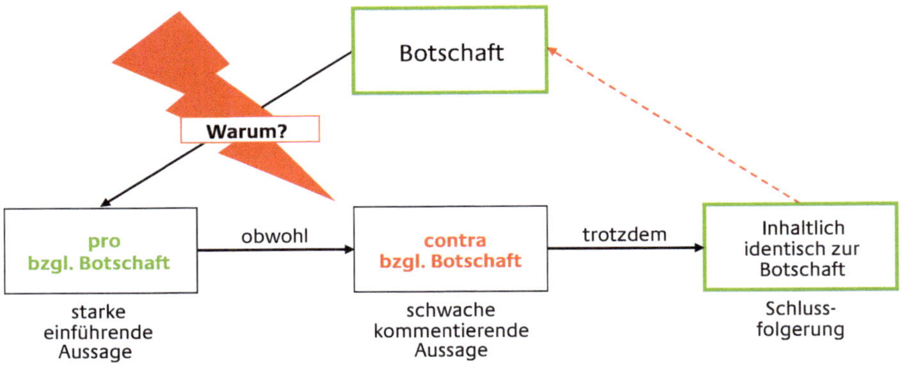

Abb. 25: Struktureller Aufbau der Obwohl-Kette

Beispiel:

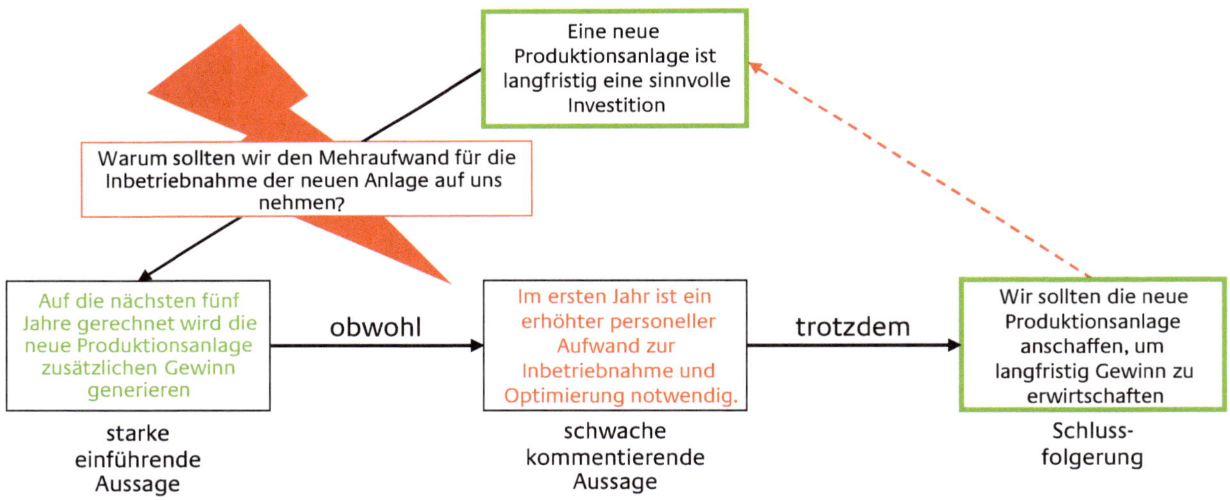

Abb. 26: Beispiel einer Obwohl-Kette

Ein visualisiertes Beispiel für eine pyramidale Struktur mit Obwohl-Kette auf Ebene der Schlüsselbotschaften zeigt die Abbildung 20 auf S. 89.

Die Wahl zwischen Aber- und Obwohl-Kette ist eine strategische Entscheidung

Ob für die Vorwegnahme von Einwänden eine Aber- oder eine Obwohl-Kette genutzt wird, ist eine strategische Entscheidung. Je nach Situation kann es sich anbieten, erst den Einwand (contra) zu nennen oder direkt mit dem überwiegenden Argument (pro) zu beginnen.

Vorsicht: Sowohl bei der Aber-Kette als auch bei der Obwohl-Kette ist entscheidend, dass die Empfänger den Pro-Punkt bezüglich der Botschaft tatsächlich als stärker wahrnehmen. Wird stattdessen der Contra-Punkt zur Botschaft als stärker angesehen, schlägt der Versuch der Vorwegnahme von Einwänden fehl und die Empfänger werden zusätzlich in ihrer bereits vorhandenen Skepsis oder negativen Einstellung gestärkt. Wenn Sie bei der Suche nach der besten Argumentation also keinen Pro-Punkt finden, welcher den Contra-Punkt schlägt, sollten Sie anstelle der Vorwegnahme von Einwänden lieber mit der Und-Kette (pro/pro) arbeiten.

Mit der Schlussfolgerung die Botschaft der logischen Kette auf den Punkt bringen

Im letzten Schritt werden einführende und kommentierende Aussage mit der Schlussfolgerung kausal verbunden. Diese Verknüpfung wird für die Und-Kette und Aber-Kette mit »deshalb« oder »daher« und für die Obwohl-Kette mit »trotzdem« hergestellt. Auch an dieser Stelle sind die Bezüge so klar wie möglich herzustellen, um den Empfänger überzeugen zu können.

Die Schlussfolgerung bei einer logischen Kette ist zwar inhaltlich identisch mit der zu stützenden Botschaft, jedoch ist sie sprachlich direkter und unter Umständen detaillierter. Für den durch die logische Kette gestützten Punkt bietet sich oft eine diplomatische Formulierung an. Ein Beispiel dafür ist in Abbildung 19 zu sehen. Die Kernbotschaft ist diplomatisch formuliert: »Drei Produktbereiche bieten Möglichkeiten zur Anpassung an die veränderten Marktbedürfnisse«, während die Schlussfolgerung direkt formuliert ist: »Um wettbewerbsfähig zu bleiben, muss Ultrakauf drei Produktbereiche stärker am Markt ausrichten«. Bei der diplomatischen Formulierung ist darauf zu achten, den Empfänger nicht direkt anzusprechen oder gar anzugreifen und dennoch auf den Punkt zu kommen. Der Empfänger bleibt so für die Kommunikationssituation offen und folgt der logischen Kette, da nicht bereits die auslösende Botschaft zu einer Verweigerungshaltung führt. Dies sollte besonders dann bedacht werden, wenn bereits auf die Kernbotschaft eine logische Kette folgt (siehe dazu auch den Diplomatie-Check am Ende dieses Kapitels).

Je stärker die erwartete negative Reaktion, desto wichtiger ist es, diplomatisch zu formulieren. Nimmt der Empfänger bereits zu einem frühen Zeitpunkt in der Kommunikationssituation eine ablehnende Haltung ein, ist es schwierig, wieder Verständnis und Aufmerksamkeit zu erlangen. Ein gelungener diplomatischer Einstieg gewährleistet, dass der Empfänger die Argumentationskette nicht von Anfang an blockiert, sondern ihr folgt und demnach mit der direkt formulierten Schlussfolgerung umgehen kann.

Prüfen Sie nach der Ausarbeitung der logischen Kette, ob die zu untermauernde Botschaft und die Schlussfolgerung inhaltlich identisch sind, trotz der unterschiedlichen Formulierung. Dass beide Aussagen stimmig sind, muss gewährleistet sein.

Übung H

Vervollständigen Sie die fehlenden Kettenglieder in den Beispielen unten.
Ziel der Übung ist, die argumentative Logik der Kette zu verinnerlichen, um diese später selbst bei der strukturellen Vorbereitung von Kommunikationssituationen einsetzen zu können.

Hinweise:

- Nutzen Sie gezielt die Verbindungswörter »und«, »aber« und »obwohl«.
- Eine Beispiellösung finden Sie am Ende des Buches.

Nehmen Sie sich ca. 10 Minuten Zeit.

Beispiele zu Übung H: Fehlende Kettenglieder erarbeiten

Einführende Aussage	Verbindungswort	Kommentierende Aussage	Schlussfolgerung
Die Bike AG produziert ausschließlich klassische Fahrräder.		Der Markt für E-Bikes wächst kontinuierlich um 20 Prozent pro Jahr.	
Die Windpark GmbH hat um 20 Prozent höhere Einkaufspreise als die Mitbewerber.			Die Windpark GmbH muss ihre Einkaufspreise um mindestens 20 Prozent senken, um wettbewerbsfähig zu bleiben.

Einführende Aussage	Verbindungswort	Kommentierende Aussage	Schlussfolgerung
Das jährlich um 10 Prozent gesteigerte Versandaufkommen kann innerhalb der nächsten zwei Jahre durch die Kapazitäten des nicht automatisierten Lagers nicht mehr abgedeckt werden.	obwohl		Die Strato-Gruppe braucht innerhalb der nächsten zwei Jahre ein automatisiertes Lagersystem.
			Die Music AG sollte in die Produktion von Ukulelen einsteigen.

Eine logische Kette besteht immer aus drei Punkten

Dies ist zwingend beizubehalten. Denn durch weitere Kettenglieder in Form von zusätzlichen kommentierenden Aussagen würde die Argumentation unübersichtlich und angreifbar. Eine Kette ist nur so stark wie ihr schwächstes Glied. Deshalb ist die logische Kette argumentativ so stark verdichtet, um wenig Angriffsfläche zu bieten und in der Kausalität für den Empfänger verständlich zu sein. Möchten Sie dennoch weitere Argumente einbringen, detaillieren Sie stattdessen einführende und kommentierende Aussage in den tieferen Ebenen.

Wenn möglich keine weitere logische Kette verwenden, um einführende Aussage oder kommentierende Aussage zu stützen

Bei der Untermauerung der logischen Kette ist es entscheidend, dass einführende und kommentierende Aussage keine erneute Skepsis beim Empfänger hervorrufen. Im Optimalfall kommen logische Gruppen zum Einsatz, da diese weniger anfällig sind als logische Ketten. Nur in Ausnahmefällen sollten einführende und kommentierende Aussage mit einer erneuten logischen Kette gestützt werden.

Wenn die Schlussfolgerung einer logischen Kette eine Frage beim Empfänger auslöst, folgt immer eine logische Gruppe

Eine logische Kette muss so konzipiert sein, dass sie den Empfänger überzeugt. Die Schlussfolgerung einer erfolgreichen logischen Kette soll keine erneute Skepsis oder Ablehnung auslösen. Das würde eine weitere logische Kette notwendig machen. Damit wäre die Argumentation von einführender und kommentierender Aussage gescheitert, da die Skepsis des Empfängers nicht entkräftet oder seine negative Haltung nicht ausreichend abgeschwächt werden konnte.

Eine erneute Kette nach der Schlussfolgerung wäre inhaltlich also identisch mit der bereits erfolgten Argumentation. Daher ergibt sich nach der logischen Kette automatisch eine logische Gruppe unter dem letzten Kettenglied, der Schlussfolgerung.

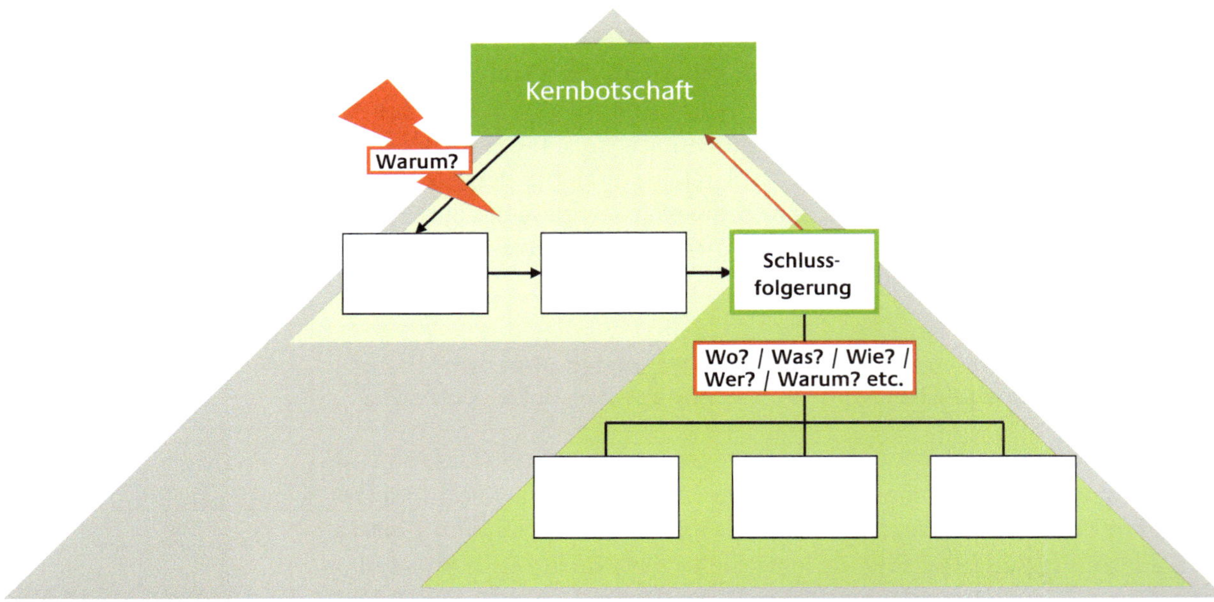

Abb. 27: Auf die Schlussfolgerung der logischen Kette folgt immer eine logische Gruppe

Die logische Kette kann bei Skepsis gegenüber einer Botschaft auf jeder Ebene eingesetzt werden

Auch in jeder tieferen Ebene der pyramidalen Struktur kann die logische Kette eingesetzt werden. Sie folgt immer auf die skeptische oder ablehnende Frage »Warum?«, welche von einer Schlüsselbotschaft oder einem Detail ausgelöst wird. Im folgenden Anwendungsbeispiel Hyper Seal ist dies gut ersichtlich, dort folgt die logische Kette nach der zweiten Schlüsselbotschaft.

Bei einer logischen Kette nach der Kernbotschaft auf Ebene der Schlüsselbotschaften liegt der Schwerpunkt darauf, zu überzeugen

Deuten Empfängeranalyse und Perspektivwechsel bereits auf eine skeptische oder ablehnende Reaktion der Empfänger hin, so wird die pyramidale Struktur in der Folge stark von der logischen Kette dominiert. Die Schlüsselbotschaften auf der zweiten Ebene sind damit automatisch die drei Glieder der logischen Kette (einführende und kommentierende Aussage sowie Schlussfolgerung).

Die gesamte Kommunikationssituation erhält so einen starken Überzeugungscharakter. Der Schwerpunkt bei der Ausarbeitung der pyramidalen Struktur liegt in dem Fall darauf, einführende und kommentierende Aussage so zu untermauern, dass diese konsequent zur Schlussfolgerung führen. Andernfalls hat die logische Kette keine ausreichende Belegkraft und verfehlt ihre argumentative Wirkung.

Skeptische oder negativ eingestellte Empfänger bereits im Vorfeld abholen und so die logische Kette vermeiden

Bereits im Vorfeld einer Kommunikationssituation kann die ermittelte Skepsis oder Ablehnung Einzelner aufgegriffen werden. Gerade bei Meetings und Präsentationen mit heterogener Empfängergruppe kann dies sinnvoll sein. So ist es im besten Fall in der Kommunikationssituation selbst möglich, auf die logische Kette zu verzichten, da die strittigen Themen bereits vorab geklärt wurden. Holen Sie dafür einzelne skeptisch oder negativ eingestellte Empfänger gezielt im Vorfeld ab, indem Sie diese im persönlichen Gespräch, am Telefon oder per E-Mail überzeugen. Nutzen Sie dafür wiederum vorbereitete logische Ketten.

Anwendungsbeispiel »Hyper Seal« zur Veranschaulichung der logischen Kette

Einen Tag vor dem Meeting mit der Vorstellung der Folien meldet sich Produktionsleiter Heribert Schmidt. Er konnte seinen Termin verschieben und wird so auch am Meeting teilnehmen können. Projektleiter Jonas Bäcker geht daher seine Vorbereitung noch einmal durch und überlegt, ob er die Präsentation für die Anwesenheit von Herrn Schmidt anpassen muss.

Bei Herrn Schmidt hat Herr Bäcker bereits eine skeptische bzw. ablehnende Haltung gegenüber Veränderungen in der Produktion festgestellt. Zudem hat Herr Bäcker von einem Kollegen erfahren, dass Herr Schmidt in einem Gespräch in der Kaffeeküche einige Ideen des Projektteams zu den neuen Produktvarianten mitgehört hat. Er äußerte daraufhin massives Unverständnis und Ärger. Eine größere Auswahl bei Farben oder Mustern hält er für nicht sinnvoll. Besonders den Vorschlag einer begeisterten jungen Kollegin, individuelle Gestaltungsmöglichkeiten anzubieten, hat er vehement als Unsinn abgetan. Als Argumente führt Herr Schmidt an, dass die Produktvariationen zwar grundsätzlich technisch machbar seien. Es sei jedoch mit hohen Kosten zu rechnen, da neue Maschinen angeschafft oder vorhandene umgebaut werden müssten und zusätzliche Lagerkosten entstehen könnten.

Um Herrn Schmidt dennoch von der Notwendigkeit der angestrebten Veränderungen zu überzeugen, plant Herr Bäcker eine logische Kette nach der Schlüsselbotschaft »Durch Kunden individualisierbare Becher-Designs anbieten«. Die individuellen Anpassungen sind exakt die Triggerpunkte, bei denen Herr Schmidt seiner Einschätzung nach mit Skepsis reagieren wird. Die Schlussfolgerung der Kette schärft er angepasst auf Herrn Schmidt noch einmal in deren Direktheit nach: »Individuelle Becher-Designs sind absolut notwendig, um wettbewerbsfähig zu bleiben«. Damit greift Herr Bäcker mit der logischen Kette auch die bereits mit der SKFK-Methode herausgearbeitete Fragestellung von Herrn Schmidt auf, ob Änderungen in der Produktionslinie tatsächlich nötig sind.

In diesem Fall befindet sich die logische Kette auf der dritten Ebene, woraus sich für die auf die Anwesenheit von Herrn Schmidt überarbeitete Präsentation die pyramidale Struktur aus Abbildung 28 ergibt:

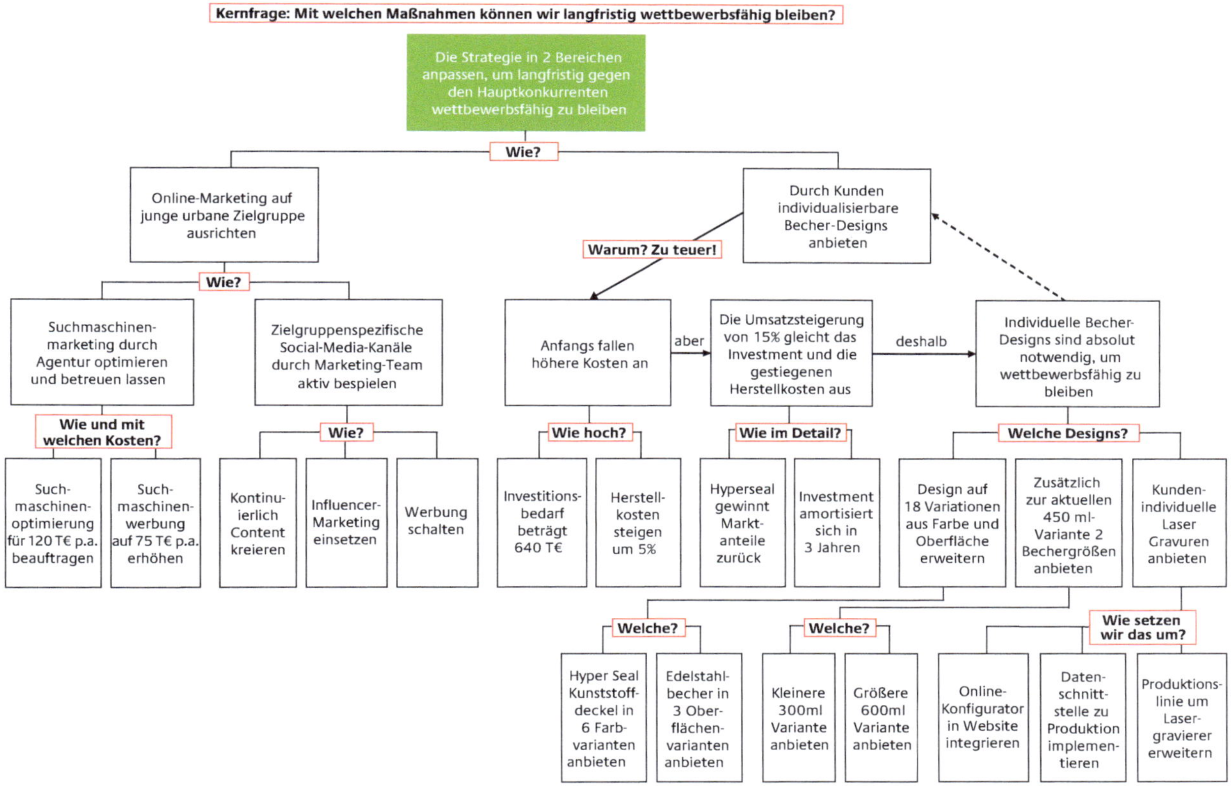

Abb. 28: Pyramidale Struktur mit logischer Kette unter der zweiten Schlüsselbotschaft zum Anwendungsbeispiel »Hyper Seal«

Vertiefung: Mit dem Diplomatie-Check die logische Kette auf den Empfänger abstimmen

Mit logischen Ketten wird argumentativ eine Schlussfolgerung herbeigeführt, der der Empfänger auch bei skeptischer oder ablehnender Haltung folgen soll. Dabei steht im Vordergrund, Teile der Aussagen möglichst diplomatisch und auf den Empfänger abgestimmt zu formulieren. Dieses Vorgehen weicht damit von dem bei der logischen Gruppe angewandten ab, deren Aussagen möglichst sachlich und direkt formuliert sind.

Bei der diplomatischen Formulierung werden zwar oft die Klarheit und die Präzision der Botschaft geschwächt, aber der Empfänger bleibt trotz einer möglichen Ablehnung offen für die Kommunikationssituation.

Legen Sie vor allem große Aufmerksamkeit auf die sprachliche Ausarbeitung von zu stützender Botschaft und Schlussfolgerung einer logischen Kette, wenn diese voraussichtlich auf Ablehnung stößt. Stellen Sie sich dabei zwei Fragen: Wie stark ist die zu erwartende negative Haltung zur Aussage? Wie sensibel ist mit dem Empfänger umzugehen?

Je mehr Auswirkung diese beiden Punkte auf das Kommunikationsanliegen haben, auf spezielle Bereiche innerhalb dessen oder bezüglich bestimmter Personen, umso vorsichtiger und damit diplomatischer sollten die Botschaften an dieser Stelle formuliert werden.

Dafür können Sie den Diplomatie-Check anwenden, indem Sie die folgenden vier Tipps nutzen, um kritische Situationen zu meistern und dabei Ihr Kommunikationsziel zu erreichen:

Mit Verbvariationen diplomatisch formulieren

Neutrale Verbformen oder (Hilfs-)Verbkonstruktionen einsetzen:

»Wir müssen den Umsatz um 5 Prozent steigern.«
→ »Eine Umsatzsteigerung um 5 Prozent ist anzustreben.«
Oder: »Es sollte eine Steigerung des Umsatzes um 5 Prozent angestrebt werden.«

Mit Passiv-Konstruktionen die direkte Forderung abschwächen:

»Die Vertriebsabteilung Süd hat das Umsatzziel verfehlt.«
→ »In der Vertriebsabteilung Süd wurde das Umsatzziel verfehlt.«

Die direkte Ansprache der Empfänger aussparen

Mit anonymisierten Formulierungen Distanz zum Empfänger bewahren:

»Die Servicemitarbeiter im Bereich Vertrieb sollen den Umsatz bei saisonalen Produkten steigern.«
→ »Im Vertrieb sollte man den Umsatz bei saisonalen Produkten steigern.«

Die Empfänger nicht mit direkter Ansprache und forderndem Verb unter Druck setzen:

»Sie als Führungskräfte der Zweigstelle Süd müssen die Kosten senken.«
→ »Für die Zweigstelle Süd ist eine Kostensenkung ratsam.«

Mit der Wortwahl Diplomatie erzeugen

Signalwörter neutral formulieren, ohne den Inhalt zu verfälschen:

»In der Zweigstelle Süd ist Personalabbau nötig.«
→ »In der Zweigstelle Süd sind strukturelle personelle Veränderungen nötig.«

Steigernde Adjektive abschwächen:

»Der Umsatz im Bereich der saisonalen Produkte ist gravierend um 18 Prozent gesunken.«
→ »Im Bereich der saisonalen Produkte ist ein Rückgang des Umsatzes um 18 Prozent zu verzeichnen.«

Mit lockeren oder heiteren Formulierungen abschwächen:

»Das Produkt wird von den Kunden schlecht bewertet.«
→ »Das Produkt kann bei den Kunden nicht punkten.«

Mit Ergänzungen die Direktheit mildern

Mit emotionaler Anteilnahme formulieren:

»Das Produkt wird von den Kunden schlecht bewertet.«
→ »Das Produkt wird von den Kunden leider schlecht bewertet.«

Auf Lösungsmöglichkeiten verweisen:

»Aufgrund technischer Mängel sinken die Absatzzahlen um 14 Prozent.«
→ »Durch technische Verbesserungen erreichen wir die angestrebten Absatzzahlen.«

Negative Aspekte durch die Negation von Positivem formulieren:

»Das Produkt wird von den Kunden schlecht bewertet.«
→ »Das Produkt wird von den Kunden weniger gut bewertet.«

Übung I

Für Ihr eigenes Thema haben Sie bereits die Kernbotschaft festgelegt. Untermauern Sie diese nun mit logischen Gruppen und logischen Ketten.
Ziel der Übung ist, die pyramidale Struktur anhand der Fragen der Empfänger zu erarbeiten.

Hinweise:

- Nutzen Sie für die Erstellung der Struktur Haftnotizen oder ein Mindmapping-Programm, um Änderungen schnell umsetzen zu können. Schreiben Sie zuerst die Kernbotschaft auf und leiten Sie daraus die weiteren Punkte ab.
- Überlegen Sie für die Kernbotschaft, mit welcher Einstellung die Empfänger darauf reagieren und welche Frage sie sich stellen. Wählen Sie bei positiver oder neutraler Haltung die logische Gruppe als Struktur für die folgende Ebene der Schlüsselbotschaften aus. Bei skeptischer oder ablehnender Haltung nutzen Sie die logische Kette. Formulieren Sie alle Punkte der Struktur als Botschaften.
- Logische Gruppe:
  - Gruppieren Sie zwei bis fünf gleichartige Punkte als Botschaften.
  - Notieren Sie zwischen den Punkten der logischen Gruppe deren Bezüge mit den jeweils passenden Verbindungswörtern »und«, »oder« sowie »danach«, da diese für eine spätere Visualisierung entscheidend sind.
  - Nutzen Sie Standardstrukturen, wenn abzusehen ist, dass die Empfänger diese erwarten.
- Logische Kette:
  - Wählen Sie anhand der Skepsis oder Ablehnung der Empfänger, mit welchem Ansatz Sie argumentativ vorgehen wollen. Je nach Verwendung von Und-, Aber- sowie Obwohl-Kette wird die Folge von einführender und kommentierender Aussage bestimmt.
  - Erarbeiten Sie die drei Kettenglieder: einführende Aussage, kommentierende Aussage und Schlussfolgerung.
  - Formulieren Sie die gestützte Botschaft bei besonders skeptischen oder ablehnenden Empfängern diplomatisch.
  - Achten Sie darauf, dass die Schlussfolgerung inhaltlich identisch mit der gestützten Botschaft ist. Dabei kann die Schlussfolgerung direkter formuliert sein.
  - Gehen Sie für jede Schlüsselbotschaft und jedes Detail vor wie bei der Kernbotschaft, indem Sie die Struktur über die Frage-Antwort-Beziehung erarbeiten. Wenn Sie davon ausgehen, dass die Empfänger keine Frage mehr zur Botschaft eines Punkts haben, wird dieser nicht weiter mit Details untermauert.

Nehmen Sie sich ca. 30 Minuten Zeit.

Vertiefung: Der rote Faden der vertikalen Struktur kann mit drei Vorgehensweisen erarbeitet werden

Grundsätzlich kann der Unterbau der Pyramide mit drei Vorgehensweisen erarbeitet werden:

- Top-down: von oben nach unten (von der Kernaussage zu den Details)
- Bottom-up: von unten nach oben (von vorhandenen Details zur Kernaussage)
- in einer Kombination beider Ansätze

Die Auswahl der Vorgehensweise hängt in erster Linie von der Kommunikationssituation ab. Ist die Empfängerorientierung entscheidend, sollte der Top-down-Ansatz oder die Mischform gewählt werden.

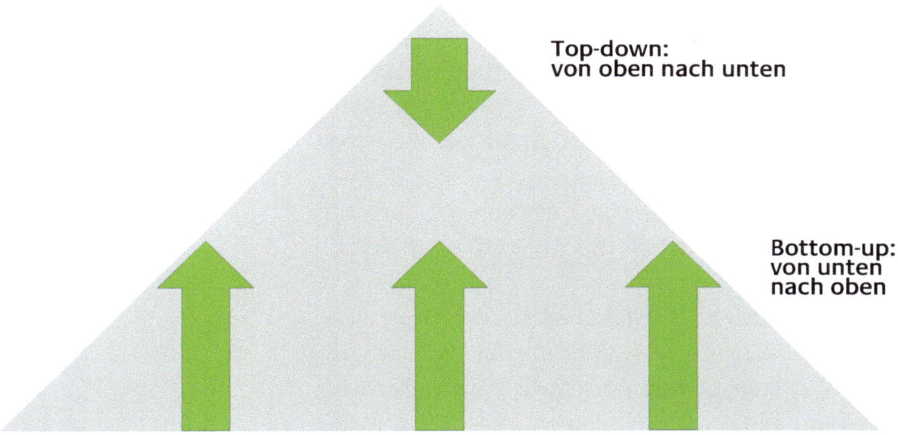

Abb. 29: Mögliche Vorgehensweisen bei der Erarbeitung der vertikalen Struktur

Mit Top-down Empfänger- und Ergebnisorientierung gewährleisten

Der Top-down-Ansatz, also das Vorgehen von der Kernbotschaft zu den Details, sichert sowohl die Empfänger- als auch die Ergebnisorientierung. Durch die Herleitung der zentralen Frage der Empfänger mittels der SKFK-Methode stehen die Empfänger beim Top-down-Ansatz von Anfang an im Fokus. Die sich in der Folge entwickelnde Frage-Antwort-Beziehung beruht auf den Interessen und Informationsbedarfen der Empfänger zu den vorgebrachten Punkten.

Die Ergebnisorientierung ist zudem dadurch sichergestellt, dass die Kernbotschaft die Kommunikationssituation einleitet. Die Hauptaussage am Anfang der Kommunikation ist damit für den Empfänger präsent und für den Sender zuverlässig platziert.

Bei der Top-down-Methode sind die Ergebnis- und die Empfängerorientierung durchwegs gewährleistet. Diese Vorgehensweise kann je nach Thema relativ zeitintensiv sein.

Mit Bottom-up Ergebnisorientierung gewährleisten

Bei Bottom-up wird von vorhandenem Material ausgegangen. Daraus werden Schlüsse gezogen, die zu einem Ergebnis führen. Bereits bestehende Informationen und Argumente werden strukturiert und in eine ergebnisorientierte Kommunikationsform gebracht.

Vorhandene Argumente und Nachweise werden gesammelt und in logischen Gruppen geordnet. Aus diesen leiten sich darüber stehende Punkte in der nächsthöheren Ebene der Pyramide ab. Aus Details ergeben sich demnach Zwischenebenen bis hin zu den Schlüsselbotschaften, die zur Kernbotschaft führen.

Zur Überprüfung der Logik kann auch hier überlegt werden, welche Frage der gestützte Punkt auslöst und ob diese durch die zugeordneten Unterpunkte beantwortet wird.

Die Perspektive des Empfängers kann nachträglich berücksichtigt werden. Hierbei ist zu überlegen, welche Punkte innerhalb der Bottom-up-Struktur kritisch vom Empfänger aufgenommen werden. Diese werden mit logischen Ketten begründet.

Der Ansatz sollte vor allem dann gezielt eingesetzt werden, wenn Bedürfnisse des Empfängers nicht berücksichtigt werden sollen, der Empfänger nicht bekannt ist oder die Strukturierung einer Stoffsammlung für eigene Zwecke erfolgt. Dann kann mit dem Bottom-up-Ansatz die Erstellung der Struktur recht zügig vonstattengehen, da die Perspektive des Senders im Vordergrund steht. Das bringt das kalkulierte Risiko mit sich, dass der Zugang des Empfängers zum Thema erschwert wird, da die Aussagen nicht auf sein zentrales Informationsbedürfnis abgestimmt sind.

Mit der Mischform Empfänger- und Ergebnisorientierung gewährleisten

Da in der Regel Teilergebnisse und Details schon vorliegen, verbinden sich oft beide Ansätze. Die Struktur wird sowohl Top-down als auch Bottom-up erarbeitet und in der Mitte verknüpft. Bei der Mischform gehen Sie von vorhandenem Material (Details) aus und passen es nach und nach in die Logik ein, die von der Kernbotschaft ausgeht.

Wird die Pyramide mit dieser Herangehensweise erarbeitet, so ist entscheidend, dass die Frage-Antwort-Beziehung durchgängig verfolgt wird. Diese ist abgestimmt auf die Perspektive des Empfängers.

Details aus dem Bottom-up-Ansatz eignen sich nur dann dazu, eine Top-down gefundene Schlüsselbotschaft zu untermauern, wenn diese Details zwei Kriterien erfüllen: Sie bilden eine logische Gruppe; sie beantworten die durch die Schlüsselbotschaft ausgelöste Frage.

Nicht zuzuordnende oder aus Empfängerperspektive unwesentliche Details werden nicht in die Pyramide aufgenommen. Für den Sender sind bewusste Entscheidungen zu treffen: Punkte, die für die Kommunikationsabsicht und das Interesse des Empfängers nicht relevant sind, müssen entfallen. Dies gilt auch für Punkte, die der Sender sehr schätzt, wenn viel Energie in die Erarbeitung geflossen ist oder sie zu einem Lieblingsthema gehören.

Mit der Mischform aus Top-down und Bottom-up kann bestehendes Material trotz Empfängerorientierung zügig eingearbeitet werden. Vor allem bei den Detailebenen wird dadurch die Perspektive des Empfängers weniger stark berücksichtigt, während die des Senders die Anordnung der Informationen bestimmt.

5. Mit der pyramidalen Struktur Storyline und Management Summary erstellen

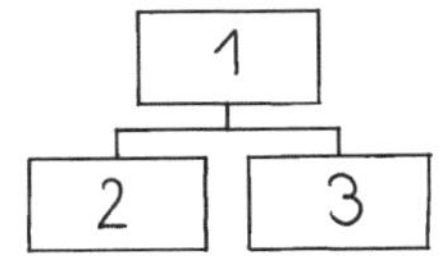

Sobald die pyramidale Struktur erstellt ist, ergeben sich die wesentlichen Bezüge, um das Ergebnis in einen Foliensatz oder ein Dokument zu übertragen. Aus der pyramidalen Struktur und den darin enthaltenen Botschaften ergibt sich automatisch die Storyline und damit das Management Summary. Vor allem bezogen auf Präsentationsfolien gilt: »Erst die Storyline erarbeiten und danach die Folien designen, da ansonsten die Gefahr besteht, unnötige und inkonsistente Folien zu erstellen« (Garrette et al. 2018).

5.1 Die Abfolge der Storyline als roten Faden ableiten

Durch die Storyline-Methode werden die pyramidal strukturierten Inhalte in die Abfolge übertragen, in der sie im Anschluss kommuniziert werden. Damit führen Sie den Empfänger logisch durch das Thema.

In der Kommunikationssituation wird nach der Kernbotschaft zuerst horizontal die zweite Ebene mit den Schlüsselbotschaften vermittelt, bevor die Schlüsselbotschaften eine nach der anderen tiefergehend detailliert werden. Dieses Vorgehen ist entscheidend, da sonst die Übersicht verloren geht, wenn nach der Kernbotschaft direkt auf die Einzelinformationen eines Zweiges eingegangen würde. Die Kernbotschaft würde in der Folge vom Empfänger als nicht ausreichend untermauert wahrgenommen. Die Vorgehensweise, als Übersicht zunächst horizontal durch alle Botschaften zu gehen, bevor vertikal die darunter liegenden Botschaften bearbeitet werden, gilt für jede Ebene in der Pyramide, solange sich darunter noch eine weitere Ebene befindet.

Die Storyline nummerieren

Einer von zwei Wegen der Darstellung der Storyline ist die Nummerierung der Reihenfolge der einzelnen Botschaften:

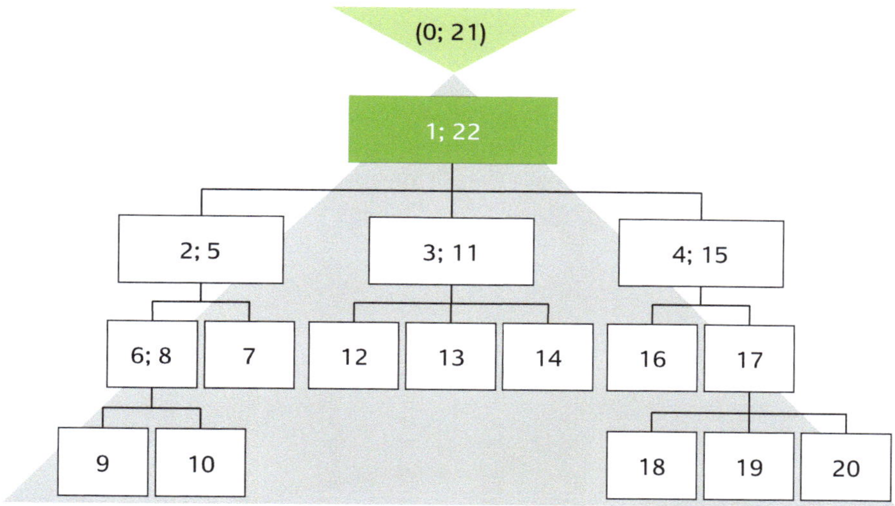

Abb. 30: Die Botschaften-Storyline als Reihenfolge der Botschaften nummeriert

Bezogen auf die Grafik oben werden bei der logischen Gruppe nach der Kernbotschaft (1) erst alle Schlüsselbotschaften (2, 3, 4) genannt. Danach wird die erste Schlüsselbotschaft (5) wiederholt und die Details (6, 7) dazu werden wiedergegeben. Gibt es zu den Details weitere Unterpunkte (z. B. zu 17 die Punkte 18, 19, 20), so erfolgt deren Vorstellung erst nach der Nennung aller Details (16, 17) in der Ebene darüber.

Die weiteren Schlüsselbotschaften folgen in der gleichen Vorgehensweise. Abschließend wird die Kernbotschaft wiederholt (21).

Wird die optionale Einleitung aus Situation und Komplikation der SKFK-Methode genutzt, ist diese der Kernbotschaft vorgeschaltet (0). Sie kann am Ende der Kommunikationssituation vor Wiederholung der Kernbotschaft (22) noch einmal aufgegriffen werden (21), um den Kreis zum Einstieg zu schließen und aus dem Thema auszuleiten. Bei der logischen Kette wird identisch vorgegangen.

Aus der pyramidalen Struktur ergibt sich so eine Botschaften-Storyline, die die Inhalte entsprechend dem Informationsbedürfnis der Empfänger vermittelt.

Die Storyline als roten Faden einzeichnen

Eine alternative Darstellung für die Storyline ist das Einzeichnen des roten Fadens direkt in die Struktur. Dabei wird die Reihenfolge genauso eingehalten wie beim Vorgehen mit der Nummerierung, von der optionalen Einleitung über die Kernbotschaft zu den Schlüsselbotschaften, dann zurück zur ersten Schlüsselbotschaft und deren Baum bis zum letzten Detail folgend, das gleiche Vorgehen für alle weiteren Schlüsselbotschaften und die Wiederholung der Kernbotschaft als Abschluss.

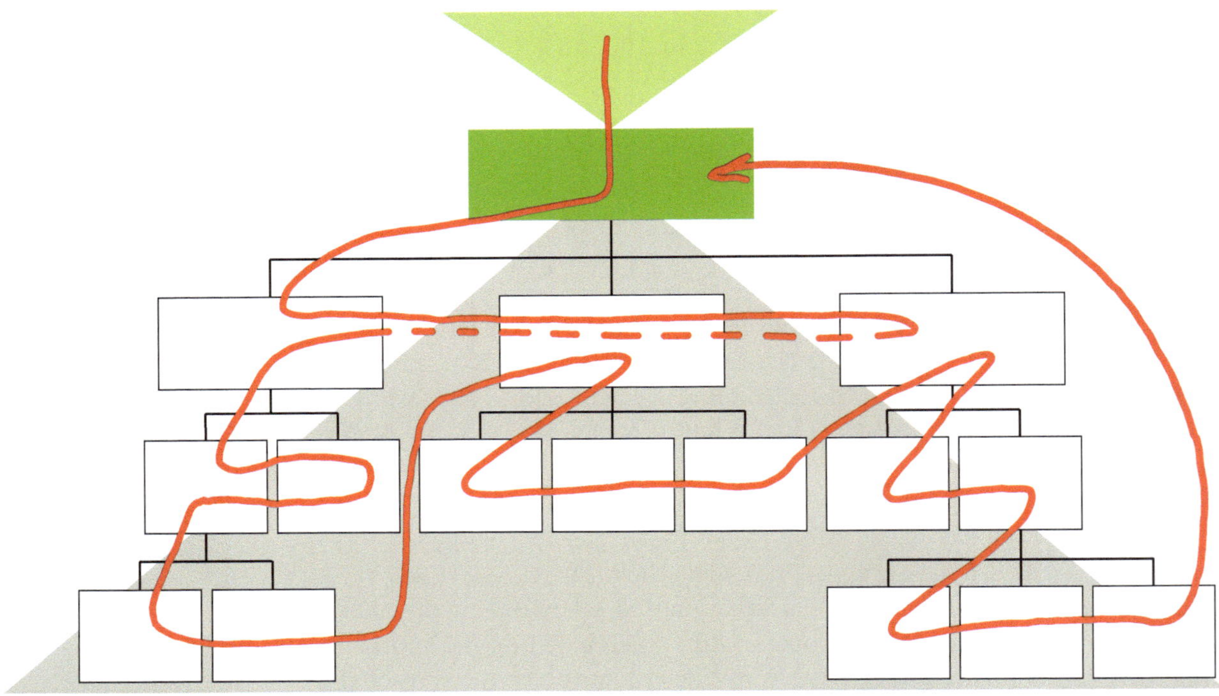

Abb. 31: Die Botschaften-Storyline als Reihenfolge der Botschaften mit rotem Faden visualisiert

Egal welche Form gewählt wurde, um die Storyline zu verdeutlichen, ergibt sich daraus die Reihenfolge der Botschaften für die Kommunikationssituation. Als Vorstellungshilfe wird der kunstvoll in der pyramidalen Struktur nach Ergebnis- und Empfängerorientierung erstellte rote Faden für die linear stattfindende Kommunikation an beiden Enden genommen und auseinandergezogen, so dass die Botschaften wie an einer Perlenkette nacheinander angeordnet sind und in dieser Reihenfolge kommuniziert werden können:

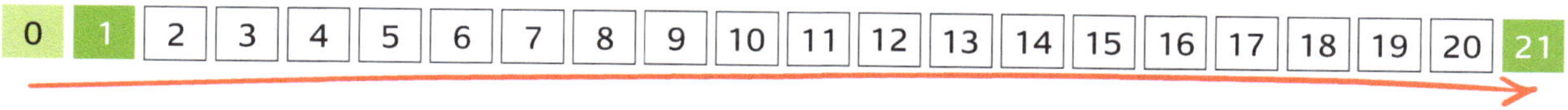

Abb. 32: Die Storyline wandelt die Pyramide in eine lineare Abfolge der Botschaften um

Übung J

Visualisieren Sie die Storyline für Ihre Struktur, welche Sie mit logischen Gruppen und logischen Ketten zu Ihrem eigenen Thema erarbeitet haben.
Dies können Sie entweder über die Nummerierung oder das Einzeichnen des roten Fadens vornehmen. Auch eine Kombination beider Varianten zur maximalen Verdeutlichung des Ablaufes ist möglich.
Ziel der Übung ist, die Reihenfolge festzulegen, in der die Punkte kommuniziert werden.

Hinweise:

- An dieser Stelle geht es bei einer Struktur für eine Präsentation noch nicht um die finale Planung der Folien. Diese werden in einem späteren Schritt mit der Storyline als Grundgerüst umgesetzt.
- Überlegen Sie, ob Sie eine Einleitung nutzen wollen, und nehmen Sie diese gegebenenfalls in Ihrer Storyline auf.

Nehmen Sie sich ca. drei Minuten Zeit.

Anwendungsbeispiel »Hyper Seal« zur Veranschaulichung der Storyline

Im nächsten Schritt zeichnet Jonas Bäcker in seine pyramidale Strukturen die Storyline ein. Zunächst geht er noch von der Abwesenheit des Produktionsleiters Schmidt aus, woraus sich die folgende Storyline für die Struktur mit der logischen Gruppe auf Ebene der Schlüsselbotschaften ergibt:

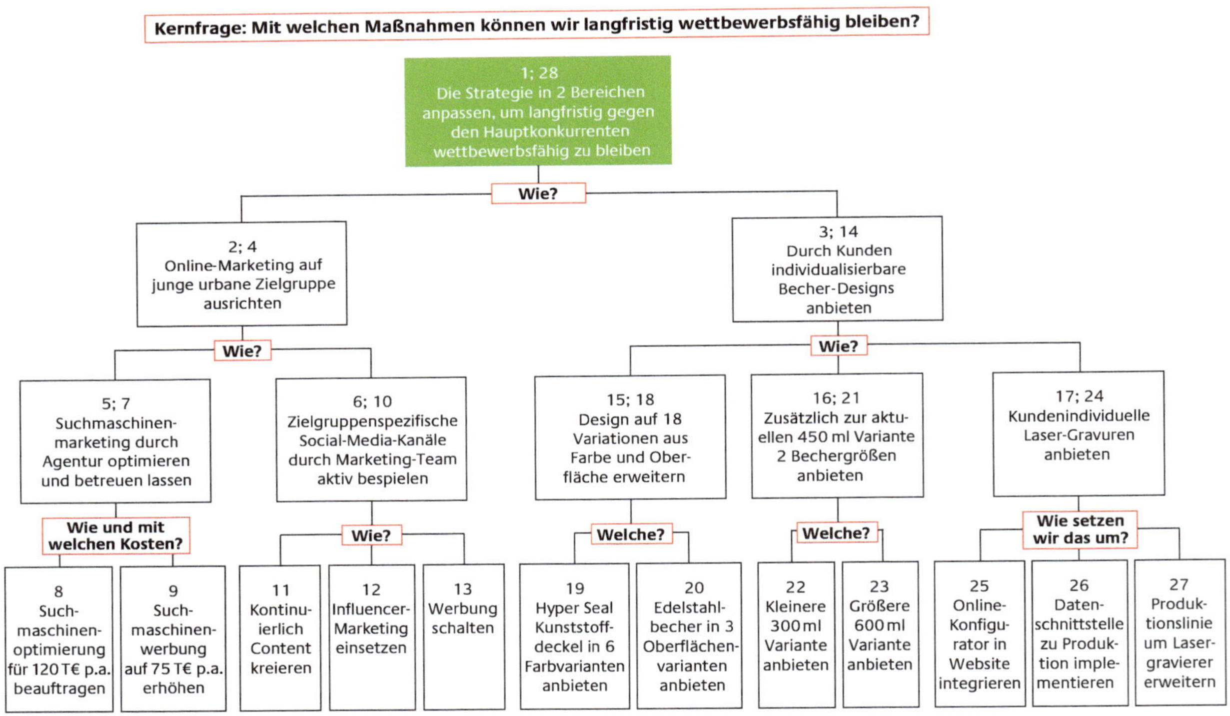

Abb. 33: Durchlaufendes Beispiel »Hyper Seal« – Botschaften-Storyline logische Gruppe

Nachdem Herr Schmidt doch kurzfristig teilnimmt, ergänzt Projektleiter Bäcker die Struktur um eine logische Kette, was zur folgenden Storyline führt:

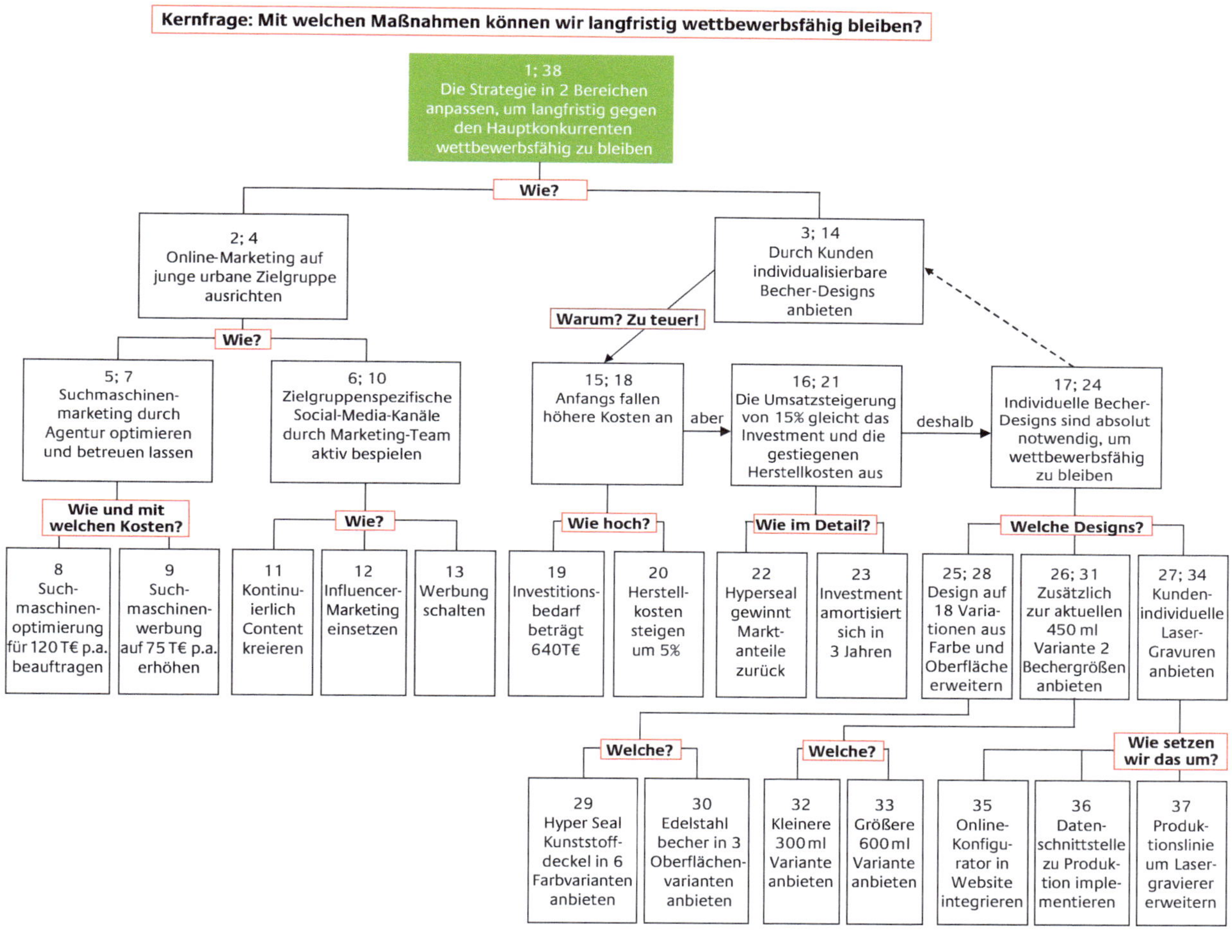

Abb. 34: Durchlaufendes Beispiel »Hyper Seal« – Botschaften-Storyline logische Kette

5.2 Mit dem Management Summary einen schnellen Überblick über Thema und Inhalt geben

Wenn alle Botschaften konsequent formuliert wurden, kann aus der pyramidalen Struktur direkt ein sprechendes Inhaltsverzeichnis abgeleitet und daraus wiederum mit wenig Aufwand ein Abstract oder Management Summary als Inhaltszusammenfassung erstellt werden.

Anstelle eines üblichen Inhaltsverzeichnisses mit Überschriften und Schlagwörtern ergibt sich durch die Formulierung aller Aussagen als Botschaften ein sprechendes Inhaltsverzeichnis. Die Kernbotschaft ist der Titel, die Schlüsselbotschaften sind die Haupt- und Agenda-Punkte, die Detailebenen ergeben weitere Unterpunkte.

Bei Zeitdruck oder einer kurzen Draufsicht ist es so für die Empfänger möglich, alle entscheidenden Punkte beim Überfliegen des sprechenden Inhaltsverzeichnisses zu erfassen, ohne tiefer in das Dokument einzusteigen. Bei einem klassischen Inhaltsverzeichnis dagegen erschließen sich nur die Themen, nicht jedoch konkrete Aussagen und Ergebnisse.

Das sprechende Inhaltsverzeichnis ist eine ideale Grundlage für ein Management Summary / Executive Summary

Oft wünschen Führungskräfte im mittleren und höheren Management als erste Folie zum Thema eine Zusammenfassung des Inhalts, das Management Summary oder Executive Summary. Dazu eignen sich pyramidale Storyline und sprechendes Inhaltsverzeichnis ideal als Grundlage, da hier alle wesentlichen Informationen für das Thema in verständlicher Reihenfolge eingearbeitet sind. Sie müssen nur noch die Aussagen in eine stimmige Formulierung zueinander bringen, um einen einfachen Lesefluss für die Empfänger zu garantieren.

Anwendungsbeispiel »Hyper Seal« zur Veranschaulichung des sprechenden Inhaltsverzeichnisses

Projektleiter Bäcker plant, unterstützend zur Präsentation ein Management Summary anzufertigen. Die Botschaften der Storyline gliedern sich zu folgendem sprechenden Inhaltsverzeichnis, welches er auf Basis der logischen Kette anlegt.

Sprechendes Inhaltsverzeichnis mit Heribert Schmidt als skeptischen Empfänger sowie Geschäftsführerin Marlene Grün und Marketingleiter Fernando Gomez:

Die Strategie in zwei Bereichen am Hauptkonkurrenten ausrichten, um langfristig wettbewerbsfähig zu bleiben.

1. Online-Marketing auf junge urbane Zielgruppe ausrichten.
    - 1.1. Suchmaschinenmarketing durch Agentur optimieren und betreuen lassen.
        - 1.1.1. Suchmaschinenoptimierung für 120 T€ p.a. beauftragen
        - 1.1.2. Suchmaschinenwerbung auf 75 T€ p.a. erhöhen
    - 1.2. Zielgruppenspezifische Social-Media-Kanäle durch Marketing-Team aktiv bespielen.
        - 1.2.1. Kontinuierlich Content kreieren
        - 1.2.2. Influencer Marketing einsetzen
        - 1.2.3. Werbung schalten
2. Durch Kunden individualisierbare Becher-Designs anbieten
    - 2.1. Anfangs fallen höhere Kosten an
        - 2.1.1. Investitionsbedarf beträgt 640 T€
        - 2.1.2. Herstellkosten steigen um 5 Prozent
    - 2.2. Umsatzsteigerung von 15 Prozent gleicht das Investment und die gestiegenen Herstellkosten aus
        - 2.2.1. Hyperseal gewinnt Marktanteile zurück
        - 2.2.2. Investment amortisiert sich in drei Jahren
    - 2.3. Individuelle Becher-Designs sind absolut notwendig, um wettbewerbsfähig zu bleiben
        - 2.3.1. Design auf 18 Variationen aus Farbe und Oberfläche erweitern
            - 2.3.1.1. Hyper-Seal-Kunststoffdeckel in sechs Farbvarianten anbieten

- 2.3.1.2. Edelstahlbecher in drei Oberflächenvarianten anbieten
- 2.3.2. Zusätzlich zur aktuellen 450 ml Variante zwei Bechergrößen anbieten
  - 2.3.2.1. Kleinere 300 ml Variante anbieten
  - 2.3.2.2. Größere 600 ml Variante anbieten
- 2.3.3. Kunden-individuelle Laser-Gravuren anbieten
  - 2.3.3.1. Online Konfigurator in Website integrieren
  - 2.3.3.2. Datenschnittstelle zu Produktion implementieren
  - 2.3.3.3. Produktionslinie um automatisierten Laser-Gravierer erweitern

Das sprechende Inhaltsverzeichnis nutzt Jonas Bäcker, um ein Management Summary für die Geschäftsführerin Marlene Grün anzufertigen.

Management Summary mit Heribert Schmidt als skeptischen Empfänger sowie Geschäftsführerin Marlene Grün und Marketingleiter Fernando Gomez:

»Wir schlagen vor, dass Hyper Seal die Strategie in zwei Bereichen am Hauptkonkurrenten ausrichtet, um langfristig wettbewerbsfähig zu bleiben.

Die Umsätze von Hyper Seal sind zurückgegangen, daher wurde eine Marktanalyse beauftragt und ein Projekt zur Lösungssuche initiiert. Bisherige Ansätze zur Stabilisierung des Umsatzes haben keine Wirkung gezeigt, weshalb alternative Lösungen gefunden werden müssen.
Es stellt sich die Frage, mit welchen Maßnahmen Hyper Seal langfristig wettbewerbsfähig bleiben kann.

Hyper Seal muss die Strategie in zwei Bereichen am Hauptkonkurrenten ausrichten, um langfristig wettbewerbsfähig zu bleiben.

Der erste Schwerpunkt liegt darauf, das Online-Marketing auf eine junge urbane Zielgruppe auszurichten.

- Suchmaschinenmarketing durch Agentur optimieren und betreuen lassen.

- Suchmaschinenoptimierung für 120 T€ p.a. beauftragen
  - Suchmaschinenwerbung auf 75 T€ p.a. erhöhen
- Zielgruppenspezifische Social-Media-Kanäle durch Marketing-Team aktiv bespielen.
  - Kontinuierlich Content kreieren
  - Influencer Marketing einsetzen
  - Werbung schalten

Der zweite Schwerpunkt liegt darauf, Kunden individualisierbare Becher-Designs anzubieten
Dabei fallen höhere Kosten an, wir gehen von einem Investitionsbedarf von 640 T€ sowie einer Steigerung der Herstellkosten um 5 Prozent aus. Jedoch planen wir eine Umsatzsteigerung von 15 Prozent, welche das Investment und die gestiegenen Herstellkosten ausgleicht. Durch die Strategiemaßnahmen gewinnt Hyperseal Marktanteile von der Konkurrenz zurück. Das Investment amortisiert sich in drei Jahren.

Daher sind die individuellen Becher-Designs absolut notwendig, um wettbewerbsfähig zu bleiben.

Die folgenden Becher-Individualisierungen sind geplant:
- Design auf 18 Variationen aus Farbe und Oberfläche erweitern
  - Hyper-Seal-Kunststoffdeckel in sechs Farbvarianten anbieten
  - Edelstahlbecher in drei Oberflächenvarianten anbieten
- Zusätzlich zur aktuellen 450 ml Variante zwei Bechergrößen anbieten
  - Kleinere 300 ml Variante anbieten
  - Größere 600 ml Variante anbieten
- Kunden-individuelle Laser-Gravuren anbieten
  - Online Konfigurator in Website integrieren
  - Datenschnittstelle zu Produktion implementieren
  - Produktionslinie um automatisierten Laser-Gravierer erweitern«

↗ 2 Pyramidales Visualisieren –

schrittweise die Struktur in einer Präsentation umsetzen

Stellen Sie sich vor, Ihr Abteilungsleiter gibt Ihnen den Auftrag, für ein Meeting mit der Entwicklungsabteilung die Präsentation zu einer neuen Projektsoftware zu erstellen. Sie sind im Projektteam für Auswahl und Beschaffung der neuen Software und daher bestens mit den Fakten vertraut. Wie würden Sie dabei vorgehen?

Häufig sind die ersten Schritte, das Präsentationsprogramm zu öffnen und direkt loszulegen. Als Resultat werden auf den einzelnen Folien unmittelbar Inhalte gesammelt und gestaltet. Erst später werden diese mit einer Überschrift oder einem Action Title ausgestattet. So entsteht eine bunte Sammlung von Folien, die keine inhaltliche Struktur, keinen roten Faden hat und auch keine Storyline abbildet. Zudem werden oft Folien erstellt, die dann nach Abstimmung mit Kollegen oder Vorgesetzten nicht in der finalen Präsentation genutzt werden, deren Gestaltung aber viel Zeit und Aufwand gekostet hat. Besonders ärgerlich ist dies bei detailliert gestalteten Visualisierungen, die besonders viel Mühe gemacht haben.

Leider werden in Ausbildung, Studium und auch in Fortbildungen zum Thema Präsentationen selten logische Folienplanung und -gestaltung behandelt. Der Schwerpunkt liegt zumeist auf der technischen Handhabung der Präsentationssoftware und den Tools zur visuellen Aufbereitung.

Genau an dieser Stelle setzt pyramidales Visualisieren an, welches gezielt die empfängerorientierte Planung und Gestaltung der Folien in den Fokus nimmt. Dass die Perspektive des Empfängers berücksichtigt und die Ergebnisorientierung jederzeit gewährleistet ist, wird durch die Anwendung der folgenden fünf Methodenschritte zur pyramidalen Visualisierung realisiert:

Methodenschritte 6 bis 10: Pyramidales Visualisieren

6. Aus der Botschaften-Storyline die Folien-Storyline festlegen **➔ S. 123**

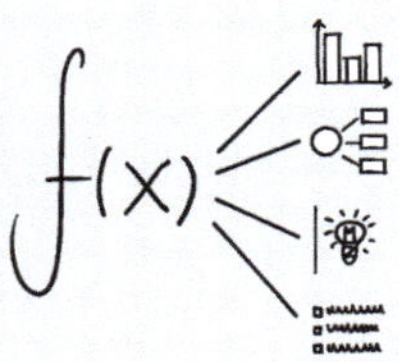

7. Mit der Funktion der Botschaft die Gestaltungsform bestimmen **➔ S. 136**

8. Mit Orientierungsfolien und Navigatoren die Empfänger durch die pyramidale Struktur leiten **➔ S. 173**

9. Das visuelle Drehbuch der Folien mit dem Storyboard skizzieren **➔ S. 179**

10. Das Storyboard mit vier Designprinzipien in der Präsentationssoftware umsetzen **➔ S. 191**

Anders als im ersten Teil des Buches geht es bei der Visualisierung ausschließlich um Präsentationen. Das im Folgenden beschriebene Vorgehen ist natürlich auch für die Darstellung von Flipcharts etc. geeignet. Es gilt für sämtliche Formen der visuellen Aufbereitung von Informationen.

In den folgenden Kapiteln werden die hier definierten Begriffe verwendet:

Definition: Action Title

Wird eine Botschaft in den Folientitel / Kopf / Header einer Inhaltsfolie eingegeben, so bezeichnet man diese als Action Title. Die Aktion wird durch das Verb in Verbindung mit dem inhaltlichen Stichpunkt in der Botschaft definiert. Der Action Title ist die Zusammenfassung und Aggregation der Informationen, die auf der Folie dargestellt werden.

Definition: Inhaltsfolie

Alle Folien, abgesehen von Titelfolie und Agenda sowie den Übersichtsfolien, sind Inhaltsfolien. Sie dienen der Darstellung von Informationen und Argumenten, die die jeweiligen Botschaften untermauern.

Aufbau einer Folienseite

Eine Folienseite wird in drei Teile untergliedert. Der Folientitel oder Header, auch Folienkopf genannt, nimmt etwa die obersten 15 Prozent einer Folie ein. Dort findet sich auf Inhaltsfolien der Bereich für den Action Title der Seite. Für den Folienkörper, auch Body genannt, steht mit 80 Prozent der meiste Platz zur Verfügung. Dort werden die Inhalte platziert. Der Folienfuß nimmt 5 Prozent ein und wird auch Footer genannt. Hier stehen neben der obligatorischen Seitenzahl optional der Titel der Präsentation, das Datum, der Name des Präsentierenden sowie des zugehörigen Unternehmens in kleiner Schrift.

6. Aus der Botschaften-Storyline die Folien-Storyline festlegen

Die erarbeitete pyramidale Struktur gibt zusammen mit der daraus abgeleiteten Storyline die Struktur der geplanten Präsentation vor. Welche Punkte der Storyline als Präsentationsfolien umgesetzt werden, wird je nach Art der Präsentation entschieden. Es gibt zwei verschiedene Herangehensweisen:

- Soll eine mündliche Präsentation vor Publikum gehalten oder eine kurze schriftliche Präsentation erstellt werden, wird mit Markern eine Auswahl der Punkte aus der Storyline getroffen, die dann als Folien visualisiert werden (Kapitel 6.1).
- Bei einer ausführlichen schriftlichen Präsentation soll diese detailliert und für den Leser selbsterklärend sein. Deshalb wird für jeden Punkt aus der pyramidalen Struktur eine Folie erstellt (Kapitel 6.2).

An dieser Stelle ist es wichtig, eine klare Entscheidung für eines der beiden Vorgehen zu treffen. Sonst besteht die Gefahr, dass ein »Slideument entsteht, eine Mischung aus Präsentationsfolie (slide) und Textdokument (document)« (Nussbaumer Knaflic 2017)[25], welches weder den Anforderungen an eine mündliche Präsentation oder ein knackiges schriftliches Dokument noch an einen beim reinen Lesen selbsterklärenden ausführlichen Bericht gerecht wird.

6.1 Für mündliche Präsentationen und knackige Dokumente die zentralen Folien mit Markern auswählen

Um die erarbeitete Storyline für eine Live-Präsentation vor Publikum oder ein aufs Wesentliche reduziertes schriftliches Dokument in einen Foliensatz zu überführen, wird zunächst entschieden, welche Inhalte visualisiert werden sollen. Die Botschaften, die für die Empfänger und das eigene Ziel der Präsentation am wichtigsten sind, werden in der pyramidalen Struktur ausgewählt und mit Markern gekennzeichnet. Für jede mit einer Markierung versehene Botschaft wird eine Folie erstellt. Damit ist der finale Umfang der Präsentation festgelegt.

Sie ergeben damit die Folien-Storyline.

Dann werden diese Botschaften als Action Titles in den Kopf der einzelnen Folien übernommen. Diese Action Titles bilden die Grundlage für die Visualisierung der Inhalte auf den Folien, welche in den Methodenschritten 7 bis 10 gezeigt werden.

Bei der Auswahl der Botschaften für die Folien-Storyline wird in zwei Schritten vorgegangen: Im ersten Schritt werden alle notwendigen Folien markiert und sie erhalten einen »notwendig«-Marker. Dies sind bei der pyramidalen Methode automatisch die Kernbotschaft sowie die Schlüsselbotschaften der zweiten Ebene, welche die zentralen Punkte der Storyline bilden. Im zweiten Schritt wird festgelegt, welche Inhalte aus den Detail-Ebenen darüber hinaus als eigene Folie visualisiert werden sollen, diese erhalten je einen »optional«-Marker. Bei den optional ausgewählten Folien werden diejenigen Botschaften ausgewählt, welche für die Zielgruppe oder Teile der Zielgruppe besonders relevant sind. Zusätzlich werden diejenigen markiert und als eigene Folien festgelegt, welche komplex oder nicht selbsterklärend sind und daher für das Verständnis der Empfänger weiter erläutert werden sollten.

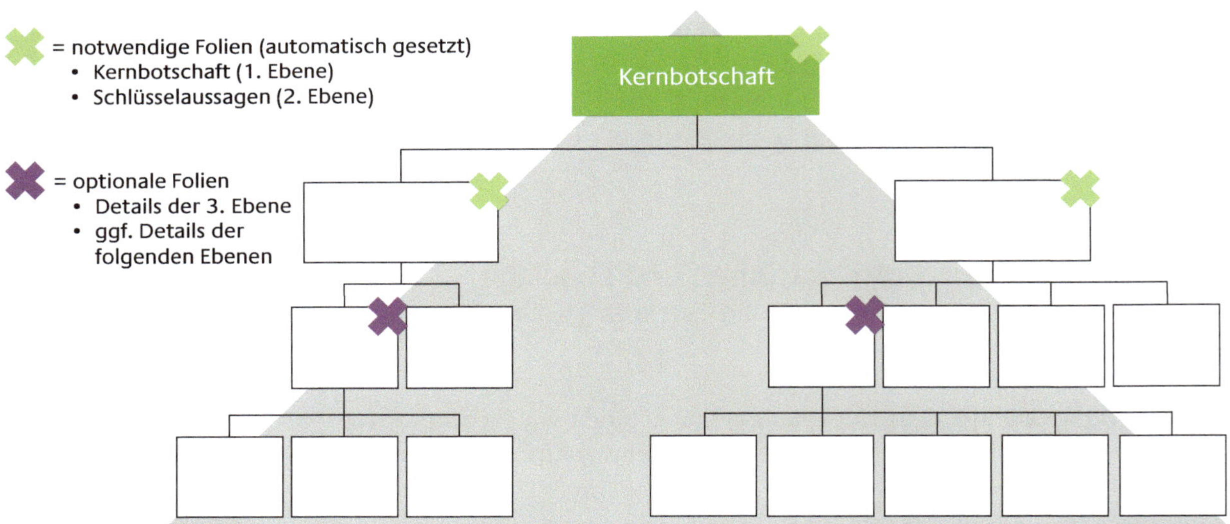

Abb. 35: Bei mündlichen Präsentationen die Auswahl mit Markern treffen[26]

Als notwendige Folien erhalten Kernbotschaft und Schlüsselbotschaften immer einen Marker

Aus der pyramidal strukturierten Storyline ergeben sich automatisch die notwendigen Folien für die Visualisierung, welche die zentralen Elemente des roten Fadens und damit der Story der Präsentation bilden und nicht ausgelassen werden können. Notwendigerweise in Folien umgesetzt werden immer die Kernbotschaft sowie die Schlüsselbotschaften auf der zweiten Ebene der pyramidalen Struktur. Der Marker für die Kernbotschaft bedeutet, dass sie zum Action Title der zentralen Folie wird. Auf dieser zentralen Folie werden unterhalb der Kernbotschaft alle Schlüsselbotschaften visualisiert, so dass die Folie als Agenda fungiert. Die Schlüsselbotschaften stützen zudem die Kernbotschaft unmittelbar und sind für deren Verständnis entscheidend, da sie die Storyline verdichtet wiedergeben. Der Marker für jede einzelne Schlüsselbotschaft bedeutet, dass diese je eine eigene Folie erhält, zu deren Action Title sie wird. Auslassungen bei den notwendigen Folien-Markern würden zu Logikbrüchen führen, was dringend zu verhindern ist.

Damit steht die zentrale Folienfolge, welche zusätzlich durch weitere Folien ergänzt werden kann.

Besonders relevante Inhalte werden gezielt als optionale Folien ausgewählt

Die Botschaften, die die höchste Relevanz für die Zielgruppe haben und deshalb mehr Raum in der Präsentation einnehmen sollten, werden mit einem Symbol markiert. Im Folgenden ist dies ein grünes Kreuz. Auch die aus Ihrer Sicht relevanten Punkte, um Ihr eigenes Ziel in der Präsentation zu erreichen, werden so ausgewählt.

Diese Botschaften werden als eigene Folien in die Präsentation aufgenommen, denn sie sind entscheidend für die effektive Vermittlung des Themas.

Greifen Sie auf die bereits erarbeiteten Ergebnisse der Empfängerorientierung zurück (zweiter Schritt der pyramidalen Methode), um die für die Empfänger entscheidenden und damit zu visualisierenden Botschaften und Inhalte auf den weiteren Ebenen Ihrer pyramidalen Struktur festzulegen.

Gerade bei einer heterogenen Empfängergruppe ist es möglich, spezifische Interessen von Einzelnen oder Untergruppen als relevant zu markieren. So erhalten die unterschiedlichen Schwerpunkte des heterogenen Empfängerkreises jeweils genügend Raum in der Visualisierung.

Beispiel: Die Zielgruppe der Präsentation ist nach Zugehörigkeit der Abteilungen geordnet – in Marketing, Produktion, Human Resources (HR) und Vertrieb. Mit der SKFK-Methode wurde eine Kernbotschaft erarbeitet, die das zentrale Informationsbedürfnis der Empfänger von Marketing, Produktion und Vertrieb direkt aufnimmt. Da zu dem Thema die Fragestellung von HR eine untergeordnete Rolle spielt, wird deren zentrales Informationsbedürfnis bei der Strukturierung erst auf der dritten Ebene aufgegriffen. Die zugehörige Botschaft der Pyramidenstruktur wird als relevant markiert und bekommt damit eine eigene Folie, um die Fragestellung von HR bei der Präsentation nicht zu übergehen und auch diese Empfängergruppe abzuholen.

Komplexe, erklärungsbedürftige Inhalte werden verständlich als optionale Folie visualisiert

Neben den Punkten mit hoher Relevanz können auch diejenigen markiert werden, die eine sehr hohe Komplexität aufweisen und grundlegend für den Gesamtzusammenhang des Themas sind. Außerdem werden die Punkte gekennzeichnet, deren Verständnis für die Empfänger schwierig, aber für den Erfolg der Präsentation notwendig sind. Dies könnten z. B. Punkte sein, welche nicht dem unmittelbaren Praxisfeld der Empfänger zuzuordnen sind. Für die Kennzeichnung in diesem zweiten Auswahlschritt wird eine andere Farbe oder ein anderes Symbol verwendet, in der Abbildung 24 ein violettes Kreuz.

Unterschiedliche Wissensstände in einer heterogenen Empfängergruppe können dazu führen, dass Punkte markiert werden, die nur von einem Teil der Empfänger als komplex wahrgenommen werden.

Nicht immer müssen die komplexen, erklärungsbedürftigen Inhalte Teil der ausgewählten Folien sein. Sollten Sie sich unsicher sein, ob an dieser Stelle wirklich eine eigene Folie und damit Detaillierung notwendig ist, können Sie die erstellte Folie auch ins Backup verschieben oder ausblenden. Diese würde dann in der Präsentation nur eingesetzt, wenn Sie in der Auseinandersetzung mit Ihrem Publikum die Notwendigkeit dafür sehen.

Anhand der Marker ergibt sich die Folien-Storyline

Die in den beiden Auswahlschritten markierten Punkte bilden die Folien-Storyline, ausgehend von der Reihenfolge der Botschaften-Storyline (siehe Kapitel 5.1). Neben den Schlüsselbotschaften besteht die Folien-Storyline aus den wie oben beschrieben ausgewählten relevanten oder komplexen Punkten der Detailebenen. Wenn bei der Vorbereitung der Präsentation ein situativer Einstieg ausgewählt wurde und mit eigenen Folien visualisiert werden soll, ist dieser ebenso zu markieren. Überlegen Sie außerdem, ob Sie eine Schlussfolie mit einer Zusammenfassung oder einem Ausblick in Ihre Folien-Storyline aufnehmen wollen. Halten Sie das gegebenenfalls an dieser Stelle fest.

Die nicht mit Markern gekennzeichneten Punkte der Detailebenen werden zusammen mit den markierten darüber liegenden Botschaften auf einer Folie dargestellt. Nicht markierte Punkte können entweder in grafischer Form aufbereitet oder als Bullet Points aufgenommen werden. Die genaue Erläuterung zu den Darstellungsmöglichkeiten folgt im nächsten Kapitel.

Besteht eine logische Gruppe nur aus zwei untermauernden Elementen, die beide zur Visualisierung markiert sind, können diese als Ausnahme auch auf einer Folie zusammengefasst werden.

Für eine Präsentation vor Publikum ist es nicht nötig, für jede einzelne Botschaft der gesamten Botschaften-Storyline eine Folie zu erstellen. Die mit den Markern getroffene Auswahl reicht aus, da sie auf die situativen Erwartungen der Empfänger abgestimmt ist.

Die ungefähre Präsentationszeit bei Vorträgen wird mit der 2-Minuten-Regel aus der Anzahl der Folien bestimmt

Für eine mündliche Präsentation vor Publikum werden etwa zwei Minuten für die Vorstellung einer Inhaltsfolie angesetzt. Diese Zeit ist für den Empfänger von Inhaltsfolien in der Regel nötig, um die vorgestellten Punkte und Zusammenhänge auf der Folie zu verstehen. Berücksichtigen Sie diese Vorgabe zur zeitlichen Kalkulation bereits beim Storylining, um nicht mehr Folien zu erstellen, als im geplanten Rahmen präsentiert werden können. Für eine 20-minütige Präsentation werden somit maximal zehn Inhaltsfolien realistisch.

Agenda-Folien zur besseren Nachvollziehbarkeit der Struktur bilden hierzu eine Ausnahme. Diese werden in ca. 30 Sekunden vorgestellt.

6.2 Bei ausführlichen schriftlichen Präsentationen alle Punkte in Folien anlegen

Neben der Auswahl mit Markern gibt es auch die Möglichkeit, die durch die Botschaften-Storyline strukturierten Inhalte vollständig in ein Dokument zu übertragen. Dies eignet sich vor allem für

- große, ausführlich zu behandelnde Themen
- schriftliche Präsentationen
- Textdokumente
- Präsentationen, die auch nach dem Vortrag noch detailliert verfügbar sein sollen, da sie z. B. per E-Mail verschickt werden oder intern als Nachschlagedokument dienen.

So erstellte Präsentationen sind als ausführliches und selbsterklärendes Nachschlagewerk verwendbar und ermöglichen ein gezieltes Wissensmanagement. Aufgrund der schriftlich fixierten vollständigen Gliederungsplanung ist die Visualisierung zudem leicht delegierbar.

> Vorsicht: Zu beachten ist, dass bei der Ausarbeitung von schriftlichen Präsentationen häufig sehr textlastige Folien entstehen, die für den mündlichen Vortrag nicht geeignet sind.

Jeder Punkt der Struktur wird als eigene Folie angelegt

Bei der Überführung der Storyline in eine umfangreiche schriftliche Präsentation ist für jeden Punkt innerhalb der pyramidalen Struktur eine eigene Folie vorgesehen. Damit unterscheidet sich das Vorgehen von der Methode für mündliche Präsentationen, bei der nur einzelne Punkte zur Visualisierung ausgewählt werden. Auf den Übersichtsfolien, die die Struktur vorgeben, werden sämtliche Botschaften im Folienkörper ausgeschrieben und nicht wie bei der Version mit den Markern als gekürzte Bullet Points dargestellt.

Ziel der schriftlichen Folien-Storyline ist es, das finale Foliengerüst als vollständige Wiedergabe der pyramidalen Struktur anzulegen. Dies erfolgt direkt im Präsentationsprogramm. Alle Botschaften werden dabei als Textelemente in die Folienstruktur integriert, die Visualisierung mit Strukturgrafiken, Schaubildern und Fotos erfolgt erst im nächsten Schritt.

Der Fokus bei der Ausarbeitung der Präsentation liegt hier auf der detaillierten Nachvollziehbarkeit der Storyline bis ins Detail, die über verschiedene Übersichtsfolien die Strukturstränge aufzeigt und zu den einzelnen Detailfolien führt.

Die Titelfolie gibt die Kernbotschaft wieder

Die erste Folie ist die Titelfolie. Hier wird die Kernbotschaft platziert, die an dieser Stelle auch als selbsterklärende Verschlagwortung möglich ist. Das kann z. B. notwendig sein, wenn im jeweiligen Corporate Design nicht genügend Platz für die ausführliche Botschaft ist. Dies gilt ebenso für die Folienauswahl mit Markern (siehe 6.1).

Das sprechende Inhaltsverzeichnis zeigt die Struktur

Das sprechende Inhaltsverzeichnis auf der zweiten Folie fasst die zentralen Punkte der Präsentation zusammen. Die ausformulierte Kernbotschaft wird im Folientitel platziert. Die Schlüsselbotschaften der zweiten Ebene ergeben das Inhaltsverzeichnis. Bei einer logischen Gruppe ergeben sich zwei bis fünf Punkte, bei einer logischen Kette immer drei.

Alle Botschaften werden ausgeschrieben und stellen so nicht nur eine Inhaltsübersicht dar, sondern eine Art Executive oder Management Summary. Seitenzahlen sorgen zudem für Übersichtlichkeit.

Um die Wegweiser-Funktion innerhalb der Inhaltsübersicht deutlich zu machen, gibt es zwei Möglichkeiten:

- Eine Nummerierung der Punkte wie beim klassischen Inhaltsverzeichnis.
- Die Kombination von Text mit optischen Elementen, z. B. farblich dezent hinterlegte Kästchen, um die Folie als Inhaltsverzeichnis klar herauszustellen. Oft existiert dafür eine Vorlage im Folienmaster des Unternehmens.

In Sonderfällen ist es möglich, ein sprechendes Inhaltsverzeichnis mit Diagrammen oder Strukturgrafiken auszustatten. Setzen Sie hier bewusst Seitenzahlen ein, um die Orientierung im Dokument zu erleichtern.

Neben der zweiten Ebene, den Schlüsselbotschaften, können optional auch Punkte aus der dritten Ebene ins sprechende Inhaltsverzeichnis aufgenommen werden. Dabei ist es auch möglich, nur einzelne ausgewählte

Schlüsselbotschaften im Inhaltsverzeichnis weiter zu untergliedern. Werden Detailebenen mit in das sprechende Inhaltsverzeichnis aufgenommen, erfolgt dies immer mit allen Elementen der jeweiligen logischen Gruppe oder logischen Kette.

Die bestmögliche Orientierung für die Empfänger hat im schriftlichen Inhaltsverzeichnis oberste Priorität. Die Darstellung der zweiten Strukturebene ist davon abhängig, ob dabei die Übersichtlichkeit noch gegeben ist.

Übersichtsfolien stellen die Struktur der tieferen Ebenen dar

Bei pyramidalen Strukturen mit drei oder vier Ebenen werden Übersichtsfolien eingesetzt, um den Aufbau für die Empfänger zu verdeutlichen. Übersichtsfolien führen, ähnlich wie das sprechende Inhaltsverzeichnis, als Wegweiser durch die tieferen Ebenen. Die Übersichtsfolien werden zunächst nur angelegt, jedoch noch nicht ausgearbeitet. Visualisierungsideen werden in diesem Schritt lediglich skizziert oder in Stichpunkten vermerkt.

Detailfolien mit Botschaften im Folientitel sind Platzhalter für die spätere Visualisierung

Detailfolien bilden die unterste Ebene der Struktur. Beim Storylining für schriftliche Präsentationen werden diese zunächst angelegt, jedoch noch nicht mit Inhalten befüllt.

Die zugehörigen Botschaften werden in den jeweiligen Folientitel eingetragen. Die Detailfolien folgen in der Reihung stets den entsprechenden Übersichtsfolien, auf denen sie bereits visuell oder textlich angekündigt werden. Bei einer flachen Struktur aus Kernbotschaft und zweiter Ebene werden die Schlüsselbotschaften wie Detailfolien behandelt und unmittelbar nach dem sprechenden Inhaltsverzeichnis platziert, da eine weitere Untergliederung mit Übersichtsfolien nicht nötig ist.

Die Abschlussfolie enthält Kontaktdaten und hat optional eine vorgeschaltete Zusammenfassung

Für Rückfragen zu einer schriftlichen Präsentation werden auf der letzten Folie die Kontaktdaten der beteiligten Autoren hinterlegt. Optional kann bei einem umfangreichen Foliensatz eine zusammenfassende Folie vor der Kon-

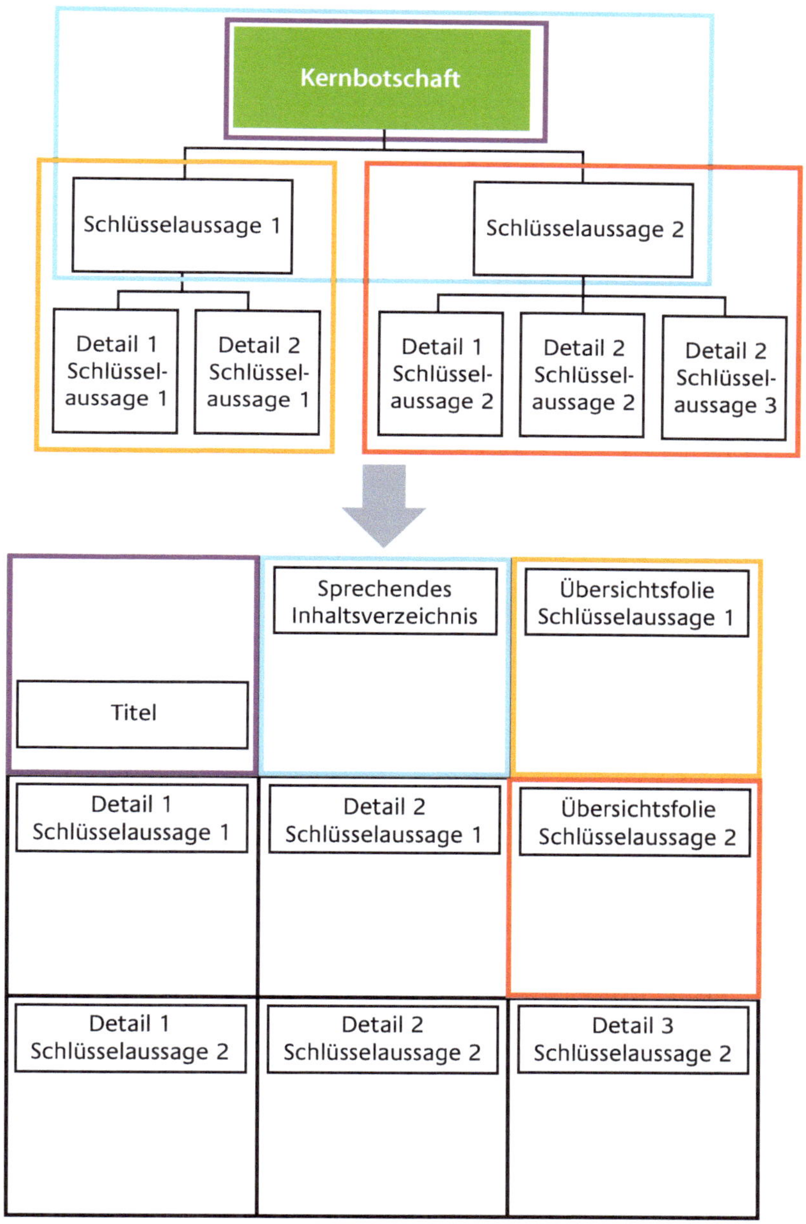

Abb. 36: Beispielsvisualisierung für die Übertragung einer pyramidalen Struktur für eine schriftliche Präsentation in eine Folien-Storyline

taktfolie eingefügt werden. Die Inhalte sind durch den pyramidalen Inhalt bereits bekannt und über den Foliensatz detailliert erklärt, so dass diese Folie keinerlei Neues enthält, sondern rein der zusätzlichen Verständlichkeit dient.

Übung K

Entscheiden Sie sich bei Ihrem bereits als Botschaften-Storyline vorliegenden Thema für eine der beiden Varianten der Folien-Storyline, für die Auswahl der zentralen Folien mit Markern (weiter bei Übung L1) oder der ausführlichen schriftliche Präsentationen (weiter bei Übung L2).
Ziel dabei ist es festzulegen, wie detailliert und umfangreich Ihre Präsentation ausfallen soll.

Hinweise:

- Wählen Sie die Markierung einzelner Folien für die Folien-Storyline, wenn das Ergebnis präsentiert werden soll und Ihre Empfänger eine kurze und prägnante Darstellung in Folienform schätzen. Auch eine kurze schriftliche Präsentation kann mit dieser Methode gut dargestellt werden.
- Wählen Sie die Umsetzung der kompletten Botschaften-Storyline in die Folien-Storyline, wenn Sie ein umfangreiches Thema detailliert als selbsterklärenden Foliensatz darstellen wollen. Dies kann z. B. der Fall sein, wenn Sie den Foliensatz als Information im Intranet für andere Mitarbeiter zur Verfügung stellen.

Nehmen Sie sich ca. zwei Minuten Zeit.

Übung L1

Wenn Sie sich für die Folien-Storyline für einen mündlichen Vortrag entschieden haben, markieren Sie im ersten Schritt die Kernbotschaft und alle Schlüsselbotschaften auf der zweiten Ebene mit Markern. Im zweiten Schritt wählen Sie nun mit Markern die zusätzlichen Punkte Ihrer pyramidalen Struktur aus, die Sie jeweils mit einer eigenen Folie visualisieren wollen. Markieren Sie die Punkte, die für die Empfänger oder für die Erreichung des von Ihnen festgelegten Ziels entscheidend sind.
Markieren Sie zusätzlich auch die Punkte, die für die Empfänger komplex oder nicht selbsterklärend sind, mit einem Marker.
Ziel der Übung ist auszuwählen, welche Inhalte für Ihre Empfänger visualisiert werden sollen. Daraus ergibt sich die finale Anzahl der Folien sowie deren Reihenfolge.

Hinweise:

- Sie können an dieser Stelle die Botschaften der markierten Punkte in der Reihenfolge der Folien-Storyline in die Präsentationssoftware übertragen. Jede markierte Botschaft steht dabei als Action Title über dem noch leeren Folienkörper.

- Wurde ein Punkt in der Struktur von Ihnen nicht markiert, wird dieser trotzdem als grafische Umsetzung oder als Bullet Point auf einer der Folien zu einem darüber liegenden markierten Punkt auftauchen. Der nicht markierte Punkt wurde von Ihnen lediglich als nicht relevant genug oder weniger komplex für die Empfänger eingeschätzt, so dass dafür keine eigene Folie angelegt wird.
- Schätzen Sie mit der 2-Minuten-Regel pro Folie ab, wie lang Ihr Vortrag etwa dauern wird. Gleichen Sie die errechnete Dauer mit Ihren zeitlichen Vorgaben für die Präsentation ab. Eventuell sind Kürzungen nötig oder Sie haben noch ausreichend Zeit, um einige Punkte genauer auszuarbeiten oder weitere aufzunehmen.
- Wenn Sie die Folien als Auftragsarbeit erstellen, z.B. für eine Führungskraft, können Sie die fertige Folien-Storyline gemeinsam besprechen und gegebenenfalls nachjustieren. So vermeiden Sie die Mehrarbeit, die entstehen würde, wenn Änderungswünsche erst zu dem finalen Foliensatzentwurf besprochen werden können.

Nehmen Sie sich ca. zehn Minuten Zeit.

Übung L2

Wenn Sie sich für das Erstellen der Folien-Storyline für eine schriftliche Präsentation entschieden haben, gelten alle Punkte als markiert und werden dementsprechend als eigene Folien visualisiert.
Ziel der Übung ist, das finale Foliengerüst in der Präsentationssoftware anzulegen, indem Sie die Botschaft jeder Folie als Action Title in deren Titel eintragen.

Hinweise:

- Legen Sie das sprechende Inhaltsverzeichnis nach der Titelfolie an, welches mindestens aus der Kernbotschaft und der zweiten Ebene besteht. Optional können auch die dritte Ebene oder Teile daraus aufgenommen werden. Die Botschaften werden ausgeschrieben und nummeriert.
- Legen Sie die Übersichtsfolien als Platzhalter an, indem Sie die Aussage im Action Title auf der jeweiligen Folie eintragen. Zu einem späteren Zeitpunkt werden die Übersichtsfolien visuell aufbereitet.
- Wenn Sie die Folien als Auftragsarbeit erstellen, z.B. für eine Führungskraft, können Sie die fertige Folien-Storyline gemeinsam besprechen und gegebenenfalls nachjustieren. So vermeiden Sie die Mehrarbeit, die entstehen würde, wenn Änderungswünsche erst zu dem finalen Foliensatzentwurf besprochen werden können.

Nehmen Sie sich ca. zehn Minuten Zeit.

Anwendungsbeispiel »Hyper Seal« zur Veranschaulichung der Folien-Storyline

Jonas Bäcker entscheidet sich für die Herangehensweise der Folienauswahl mit Markern. Als Auswahl für die Folien-Storyline mit der logischen Gruppe auf Ebene der Schlüsselbotschaften legt er die folgenden Punkte fest:

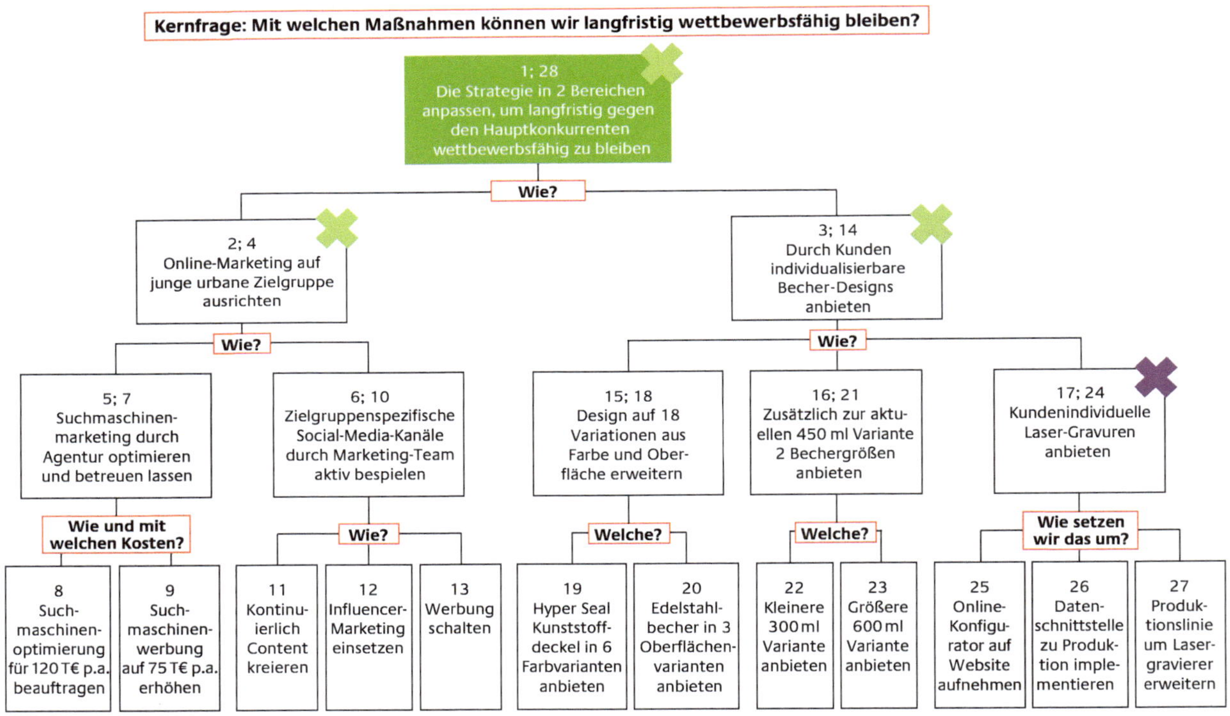

Abb. 37: Durchlaufendes Beispiel »Hyper Seal«: Folien-Storyline logische Gruppe

Jonas Bäcker ergänzt die Auswahl der Folien-Storyline um einzelne Slides rund um die logische Kette, nachdem er kurzfristig erfahren hat, dass Produktionsleiter Heribert Schmidt als zusätzlicher Empfänger teilnehmen wird:

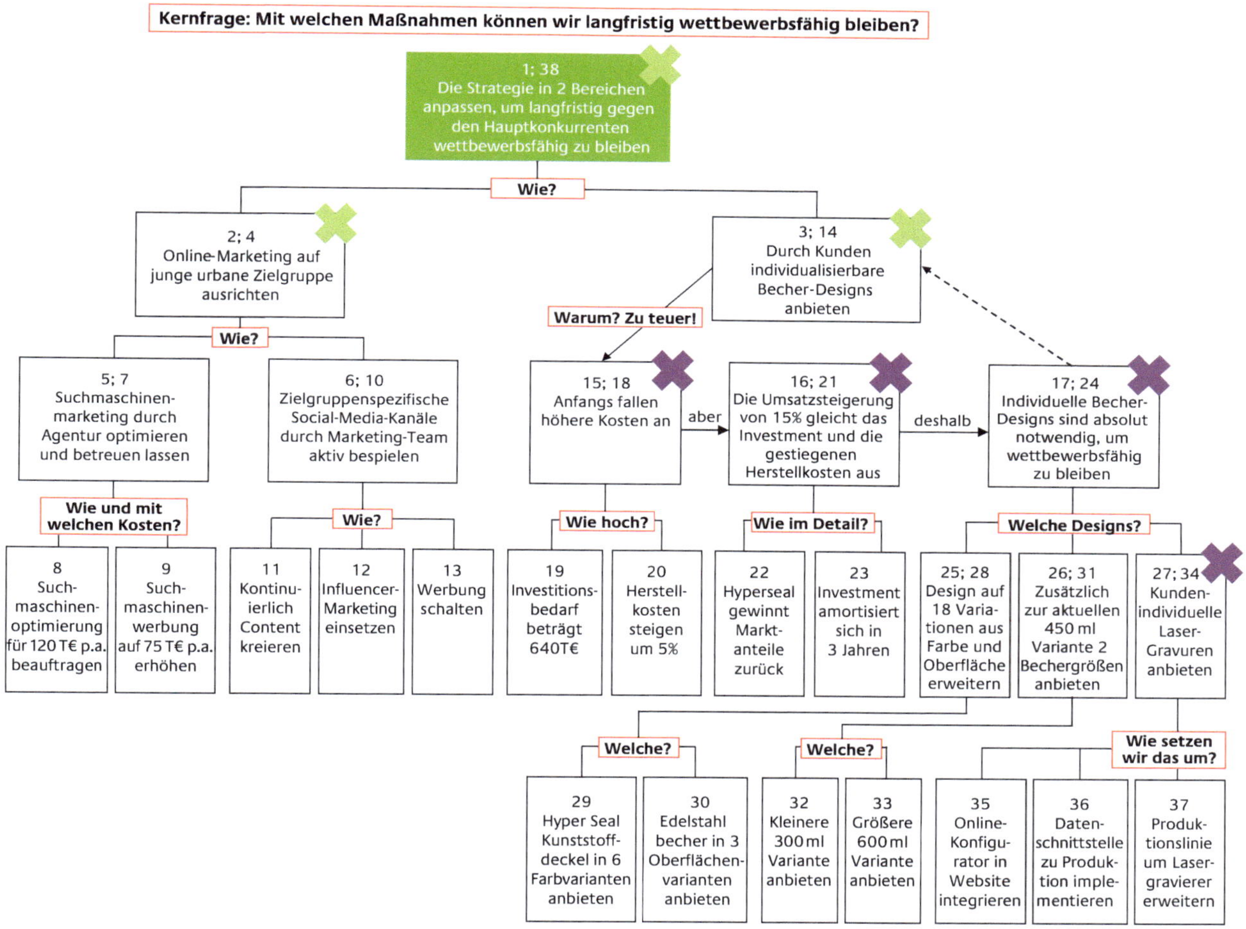

Abb. 38: Durchlaufendes Beispiel »Hyper Seal«: Folien-Storyline logische Kette

7. Mit der Funktion der Botschaft die Gestaltungsform bestimmen

Nachdem Sie die Folien-Storyline festgelegt haben, erfolgt im nächsten Schritt die visuelle Planung jeder einzelnen Folie. Dabei wird nach der aus dem Design bekannten Formel »Form follows function« vorgegangen. Die Funktion (function) der jeweiligen Botschaft auf der Folie bestimmt zusammen mit dem Action Title die Darstellung (form).

Die Funktion der jeweiligen Folie festlegen

Je nach Zielgruppe, Situation und Inhalt kann eine Folie innerhalb der Folien-Storyline verschiedene Funktionen haben. Welche Funktion gewählt wird, ist maßgeblich davon abhängig, was an dieser spezifischen Stelle der Präsentation für das Verständnis des Empfängers entscheidend ist. Je mehr Informationen über ihn, sein Denken, seine visuellen Vorlieben und sein Vorwissen vorliegen, desto präziser kann die entsprechende Funktion auf die zugrunde liegenden Bedürfnisse abgestimmt werden. Orientieren Sie sich an den Erkenntnissen aus der Empfängeranalyse und dem Perspektivwechsel.

Je nach Aussage der Botschaft steht die gewählte Funktion für die Darstellung konkreter Daten und Fakten, bringt neue Vorschläge und Ideen ein oder beschreibt Inhalte detaillierter.

Eine Folie kann folgende Funktionen haben:[27]

- Mit den Funktionen **Beweisen** und **Vergleichen** wird eine Aussage mit Daten und Fakten veranschaulicht:
  - Beweisen: Eine faktisch begründete Verbindung zwischen verschiedenen Punkten wird gezeigt.
  - Vergleichen: Verschiedene Punkte werden bezüglich ihrer Wertigkeit zueinander untersucht.

  Zur Darstellung von quantitativen Aussagen eignen sich vor allem Diagramme.

- Mit den Funktionen **Aktivieren**, **Erklären**, **Verankern** und **Fokussieren** werden Vorschläge und Ideen zu qualitativen Inhalten veranschaulicht.
  - Aktivieren: Die Aufmerksamkeit des Empfängers wird angeregt.
  - Erklären: Komplexe Inhalte werden veranschaulicht.
  - Verankern: Übermittelte Inhalte werden gefestigt.
  - Fokussieren: Die Aufmerksamkeit des Empfängers wird auf einen bestimmten Punkt gelenkt.

  Zur Visualisierung von qualitativen Aussagen bieten sich Strukturgrafiken mit geometrischen Formen, Bilder und Icons an.
- Mit der Funktion **Präzisieren** werden detaillierte Beschreibungen vor allem von qualitativen Inhalten gegeben. Diese Veranschaulichung und Ordnung erfolgen zumeist als Bullet Points oder als figurativ geordnete Textelemente, z.B. als einzelne Textblöcke, Spalten etc. Zur Präzisierung von quantitativen Aussagen können auch Tabellen verwendet werden, bei denen die zentralen Elemente klar hervorgehoben werden.

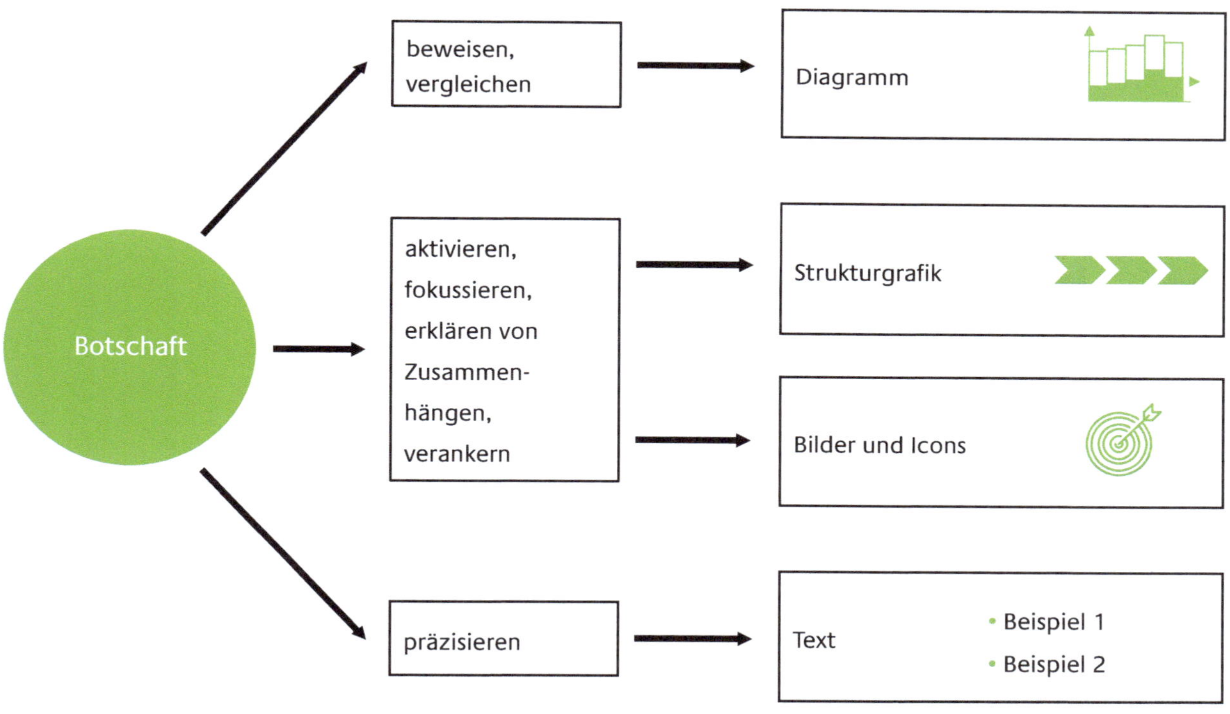

Abb. 39: Ausgehend von der Botschaft bestimmt die Funktion die Darstellungsform

Sonderfall: In mündlichen Präsentationen zwei Funktionen auf einer Folie darstellen

Die Aufteilung nach den Funktionen ist nicht als Doktrin zu verstehen, sondern als Orientierung. Um hier die bestmögliche Übersicht bei der Planung und Ausarbeitung zu geben, wird im Folgenden einzeln nach der Funktion vorgegangen. Eine Kombination von zwei unterschiedlichen Funktionen und demnach visuellen Darstellungsformen kann bei Bedarf vorgenommen werden. Dies bietet sich vor allem bei einer Folien-Storyline für mündliche Präsentationen an, wenn mehrere pyramidale Ebenen auf einer Folie visualisiert werden. Auf einer Folie soll z. B. die Schlüsselbotschaft mit einem Diagramm bewiesen werden (primäre Funktion). Gleichzeitig wird das Diagramm mit präzisierenden (sekundäre Funktion) Bullet Points ergänzt, die in der pyramidalen Struktur auf der dritten Ebene stehen und damit Details darstellen.

Mehr als zwei Funktionen auf einer Folie abzubilden ist nicht sinnvoll, da ansonsten die Aufmerksamkeit der Empfänger auf zu viele unterschiedliche Aspekte verteilt wird und die Übersichtlichkeit leidet. Stellen Sie sich bei der Planung immer die Frage, ob die visuelle Verdichtung zu einer Überforderung wird. Gestalten Sie gegebenenfalls lieber zwei einzelne Folien, als die Empfänger zu verwirren.

Übung M

Bestimmen Sie für jede zu visualisierende Folie der Folien-Storyline zu Ihrem Thema die Funktion anhand der Botschaft. Leiten Sie daraus die Darstellungskategorie ab (Diagramm, Strukturgrafik, Symbole und Bilder, Text) und wählen Sie die jeweils passende Form aus. Notieren Sie diese als Hinweis in die Folien-Storyline. Ziel ist es, für jede Folie die auf die Empfänger und das Ziel abgestimmte Visualisierung festzulegen.

Hinweise:

- Orientieren Sie sich an den Funktionen aus der obigen Darstellung.
- Die Funktionen Aktivieren, Fokussieren, Erklären von Zusammenhängen, Verankern können mit Strukturgrafiken oder Bildern und Symbolen dargestellt werden. Wählen Sie hier aus, welche Kategorie Sie nutzen wollen.
- Nehmen Sie bei der Auswahl der Form die Unterkapitel 7.1 bis 7.4 zur Hilfe.

Nehmen Sie sich ca. zehn Minuten Zeit.

Wenn Sie für die pyramidale Visualisierung direkt den nächsten methodischen Schritt gehen wollen, dann lesen Sie bei Kapitel 8 weiter. Wollen Sie sich hingegen intensiv mit den unterschiedlichen Darstellungsmöglichkeiten auseinandersetzen, finden Sie diese in den folgenden Unterkapiteln 7.1 bis 7.4. Die Unterkapitel sind nach den Formen Diagramme, Strukturgrafiken, Bilder und Icons sowie Texte aufgeteilt.

Anwendungsbeispiel »Hyper Seal« zur Veranschaulichung der Auswahl der Gestaltungsform

Jonas Bäcker legt nun die Gestaltungsform für die vier ausgewählten Slides der Folien-Storyline mit der logischen Gruppe auf Ebene der Schlüsselbotschaften fest. Dafür definiert er zuerst deren Funktion anhand der Botschaft im Action Title und wählt anschließend die dafür bestmöglich passende Gestaltungsform aus.

Mit Produktionsleiter Heribert Schmidt als zusätzlichem Empfänger definiert Projektleiter Jonas Bäcker auch die Gestaltung für die drei zusätzlich markierten Folien mit Inhalten zu der logischen Kette nach der zweiten Schlüsselbotschaft.

Der Übersicht halber finden Sie die ausgewählten Visualisierungen in Kapitel 9 bei der Erklärung des Storyboards für das Hyper-Seal-Anwendungsbeispiel (siehe S. 188–190).

7.1 Mit Diagrammen beweisen und vergleichen

Quantitative Aussagen, die Botschaften beweisend oder vergleichend stützen, lassen sich bevorzugt mit Diagrammen darstellen. Entsprechend der Inhalte eignen sich unterschiedliche Gestaltungsvarianten. Diese werden anhand der Aussage der Botschaft ermittelt: Überlegen Sie dabei im ersten Schritt, ob die Botschaft ein Ganzes und seine Teile, eine Rangfolge, eine zeitliche Entwicklung, eine Verteilung oder eine Korrelation beinhaltet. Im zweiten Schritt wird der passende Diagrammtyp dazu ausgewählt.

Vergleichsart	Kreis	Balken	Säule	Kurve	Punkt
Ganzes und Teile	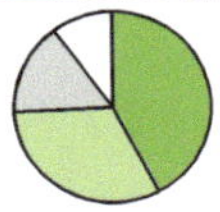				
Rangfolge		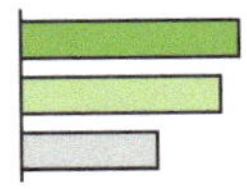			
Zeitliche Entwicklung			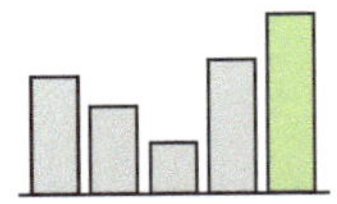		
Häufigkeitsverteilung			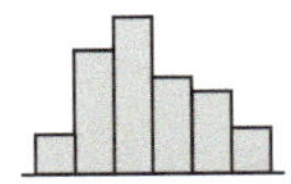	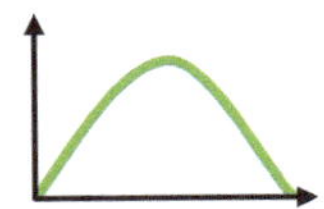	
Korrelation		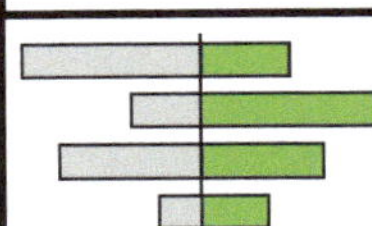			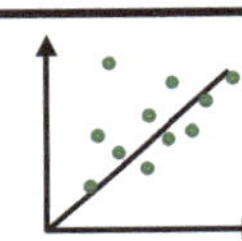

Abb. 40: Mit der Vergleichsart den Diagrammtyp bestimmen

Die Einteilung beruht auf dem Standardwerk »Wie aus Zahlen Bilder werden« von Gene Zelazny, welches die Visualisierung von Daten und Zahlen behandelt. Die Kenntnisse daraus gelten allgemein für die Visualisierung von Zahlen und sind nicht spezifisch pyramidal.[28]

Bei vielen Elementen oder vergleichenden Formen sorgen ergänzende Darstellungsmöglichkeiten für Übersicht

Es gilt jederzeit genau abzuwägen, welcher Diagrammtyp geeignet ist und wie groß die Datenmenge sein darf, damit das Diagramm übersichtlich bleibt. Werden mehrere Faktoren gleichzeitig dargestellt, kommen vergleichende Formen zum Einsatz.

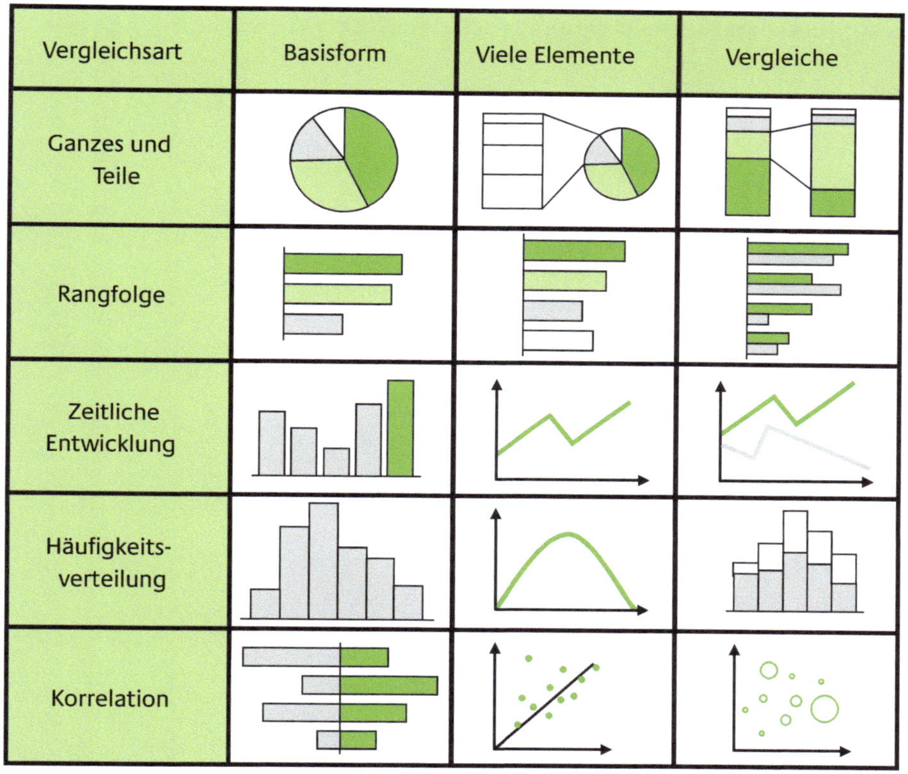

Abb. 41: Bei vielen zu vergleichenden Elementen den passenden Diagrammtyp wählen (nach Schoof/Binder 2014, S. 330)

Generell gilt für die Visualisierung der Folien mit Diagrammen:

- Die zu untermauernde Botschaft steht in der Überschrift.
- Grafische Elemente werden ausschließlich durch farbliche Akzente hervorgehoben.
- Die kräftigste Farbe wird für das wichtigste Objekt verwendet.
- Die Farben unterscheiden sich durch genug Kontrast klar voneinander.
- Legenden und die Beschriftung der Skalen müssen ausreichend groß und präzise formuliert sein, z. B. sollte neben den Werten auch die Maßeinheit angegeben sein. Die automatische Diagrammerstellung verschiedenster Programme liefert in der Regel zu kleine Beschriftungen, die unbedingt für den Empfänger in eine gut lesbare Größe gesetzt werden sollten.

Bei jedem der Diagrammtypen gilt es, die jeweiligen Besonderheiten bei der visuellen Ausgestaltung zu beachten.

Mit Subtitles das Verständnis von Visualisierungen unterstützen

Der Subtitle ist eine optionale Beschreibung des Inhalts, der ein Diagramm oder eine Strukturgrafik ergänzt. Eingesetzt wird ein Subtitle, wenn die Grafik nicht auf einen Blick verständlich ist. Die Formulierung des Subtitles ist auch ohne Verb möglich. Er dient dem Verständnis der Visualisierung, gibt aber keine zusammenfassende oder wertende Aussage. Dies bleibt der Botschaft im Folientitel vorbehalten.

Im Folgenden werden alle Basisformen der Diagramme erklärt und spezifische Hinweise zu deren Erstellung gegeben. Für eine tiefere Auseinandersetzung bietet sich weiterführende Literatur an (z.B. von Gene Zelazny, siehe Quellen- und Literaturverzeichnis).

Ein Ganzes und seine Teile darstellen

Kreisdiagramm

Ein Kreisdiagramm zeigt immer ein Ganzes und seine Teile an, wobei die Teilmengen zusammen 100 Prozent ergeben. Es wird auch als Torten- oder Kuchendiagramm bezeichnet.[29]

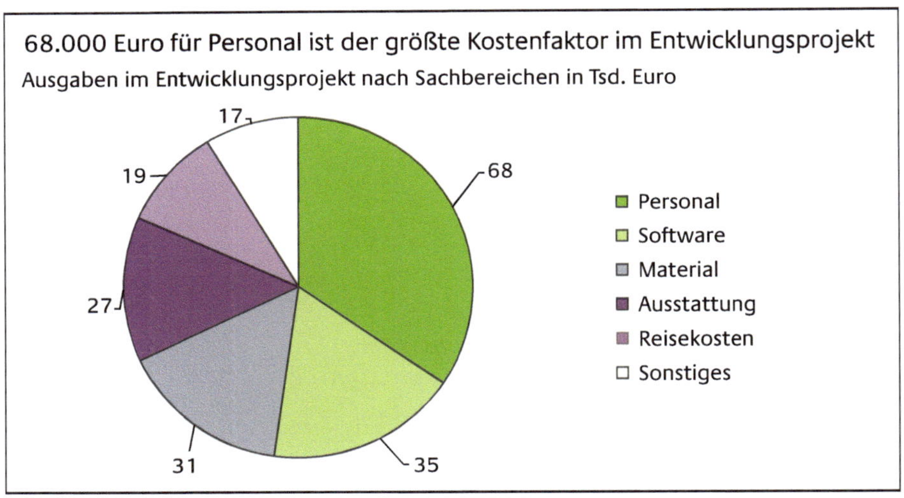

Abb. 42: Kreisdiagramm

- Stellen Sie maximal sechs Teile dar und fassen Sie kleinere Anteile zusammen.
- Beginnen Sie mit dem wichtigsten Sektor in der stärksten Kontrastfarbe an der Zwölf-Uhr-Linie.
- Ordnen Sie die Sektoren der Größe nach im Uhrzeigersinn an.
- Sobald mehr als eine Gesamtheit abgebildet wird, ist ein Balken- oder Säulendiagramm sinnvoller, z. B. bei zwei 100-Prozent-Säulen mit Vergleichslinien.

100-Prozent-Balken oder -Säule

Dieses Diagramm eignet sich besonders, um zwei oder mehrere Strukturen miteinander zu vergleichen, die jeweils ein Ganzes abbilden.

- Stellen Sie maximal sechs Teile je Struktur dar und fassen Sie kleinere Anteile zusammen. Werden zu viele Einheiten miteinander verglichen, geht die Übersichtlichkeit verloren.
- Die Strukturen werden üblicherweise nach einem der verglichenen Teilwerte zu- oder abnehmend geordnet.

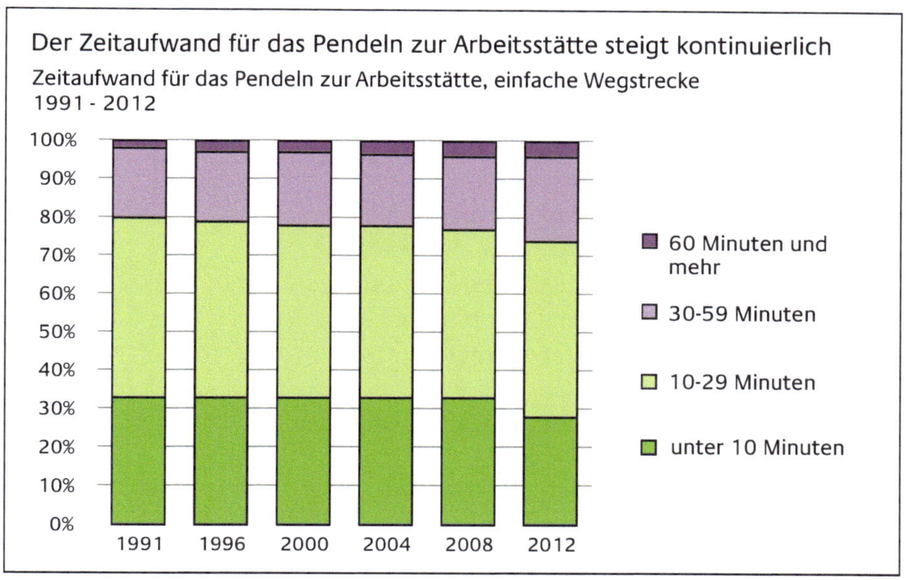

Abb. 43: 100-Prozent-Säulen (Datenquelle: Mikrozensus; Auswertung Statistisches Bundesamt und Bundesinstitut für Bevölkerungsforschung – BiB)

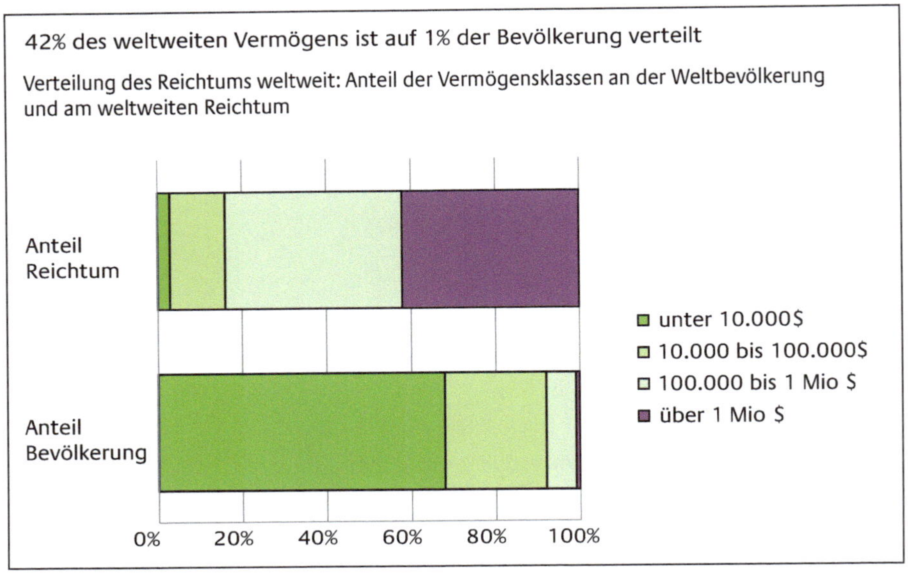

Abb. 44: 100-Prozent-Balken (Quelle: Credit Suisse Global Wealth Databook 2013)

Werte in einer Rangfolge oder als Verteilung vergleichen

Balkendiagramm

Mit dem Balkendiagramm werden Zahlen verglichen und in einer Rangfolge abgebildet. Verwendet wird es besonders für Betrachtungen, die in einer Periode abgeschlossen sind oder in jeder neuen Periode beginnen, z. B. Quartals- oder Monatsumsätze einzelner Abteilungen eines Unternehmens.

- Stellen Sie bis zu acht Elemente dar. Ab acht Elementen nimmt die Übersichtlichkeit ab.
- Die Abstände zwischen den Balken sollten kleiner sein als die Balkenbreite.
- Ordnen Sie die Elemente vom Größten zum Kleinsten oder umgekehrt. Eigene Wertungen können durch eine davon abweichende Anordnung der Balken gezielt betont werden (z. B. die Anordnung der eigenen Partei bei Rangfolgen immer als erstes, auch wenn eine andere Partei höhere Ergebnisse hat).

- Die vertikale Achse ist keine skalierte Achse, sondern dient der Objektbezeichnung.
- Beschriften Sie die Elemente entweder durch eine Skala an der x-Achse oder mit dem entsprechenden Wert am Ende der Balken.

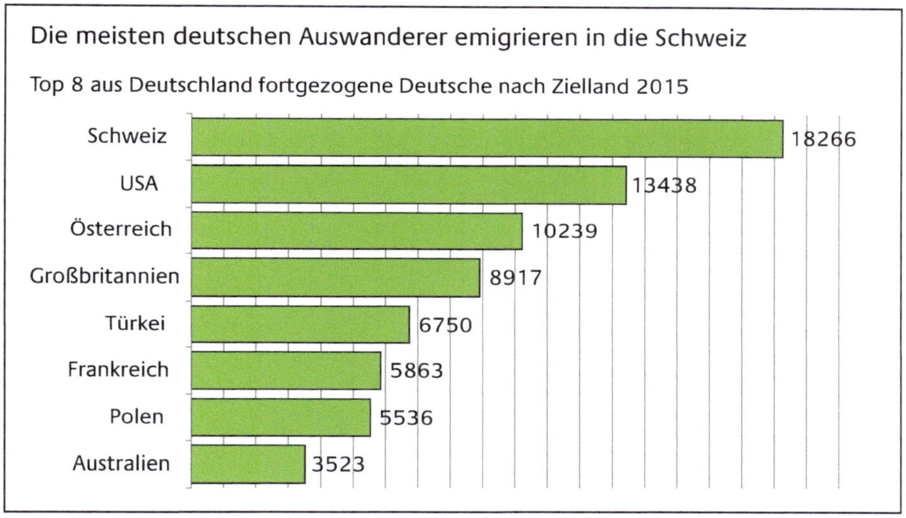

Abb. 45: Balkendiagramm (Quelle: BiB 2016 / demografie-portal.de)

Die zeitliche Entwicklung darstellen

Säulendiagramm

Säulendiagramme stellen mit Säulen auf der x-Achse die Entwicklung über einen zeitlichen Verlauf hinweg dar.

- Stellen Sie bis zu acht Elemente dar. (Verwenden Sie ab acht Elementen ein Liniendiagramm.)
- Der Abstand zwischen den Säulen sollte geringer sein als die Säulenbreite.
- Sowohl die vertikale als auch die horizontale Achse sind skaliert, die x-Achse gibt den Zeitverlauf wieder.
- Erleichtern Sie mit dezenten Orientierungslinien (Gitternetz) das Verständnis und die Zuordnung.
- Das Säulendiagramm eignet sich, wenn Werte zu Gruppen zusammengefasst werden können, z.B. bei der Altersstruktur: 21- bis 25-Jährige, 26- bis 30-Jährige, die jeweils in einer Säule dargestellt sind.

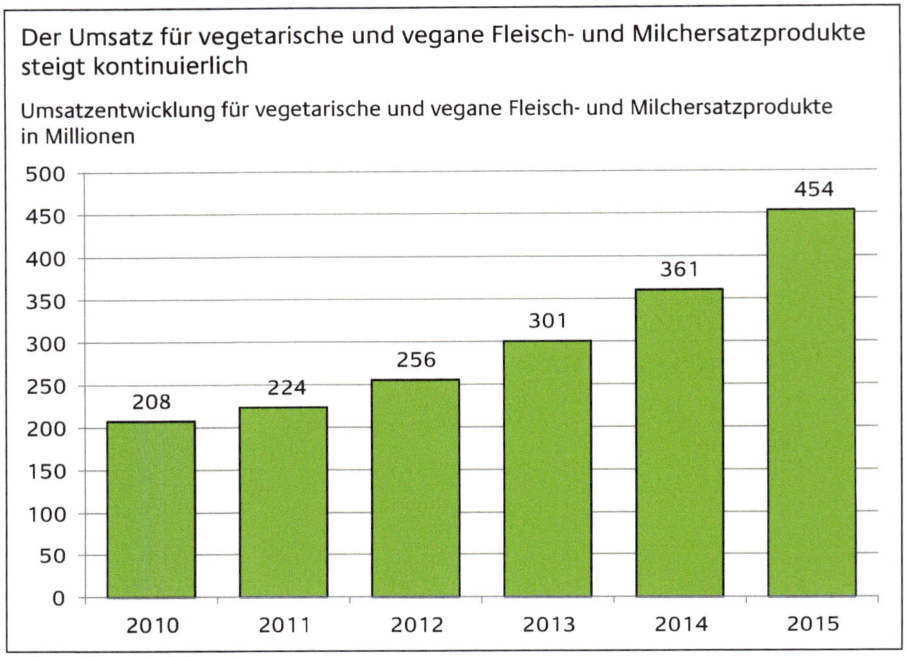

Abb. 46: Säulendiagramm (Quelle: IFH Köln, 2016)

Vorsicht: Oft werden Säulendiagramme bei Rangfolgevergleichen verwendet, womit jedoch stets eine zeitliche Komponente impliziert wird, die in diesem Fall weder erwünscht noch richtig ist.

Liniendiagramm

Das Liniendiagramm kommt immer dann zum Einsatz, wenn Entwicklungen, Veränderungen und Trends auf lange Sicht dargestellt werden. Im Vergleich zum sehr ähnlichen Säulendiagramm können mit dem Liniendiagramm viele Daten übersichtlich aufgezeigt werden. Es wird auch als Kurvendiagramm bezeichnet.

- Stellen Sie maximal vier Datenlinien dar, um die Übersichtlichkeit zu gewährleisten.
- Verwenden Sie für die Kurve eine dickere Linie als für eine mögliche eingezeichnete Trendlinie.

- Sowohl die vertikale als auch die horizontale Achse sind skaliert, die x-Achse gibt den Zeitverlauf wieder.
- Erleichtern Sie mit dezenten Orientierungslinien (Gitternetz) das Verständnis und die Zuordnung.

Die Verkaufszahlen für Dauerkarten sind in den letzten zehn Jahren um ca. 5.000 gestiegen, die für Tagestickets nur um ca. 2.000

Entwicklung der Verkaufzahlen von Dauerkarten und Tagestickets

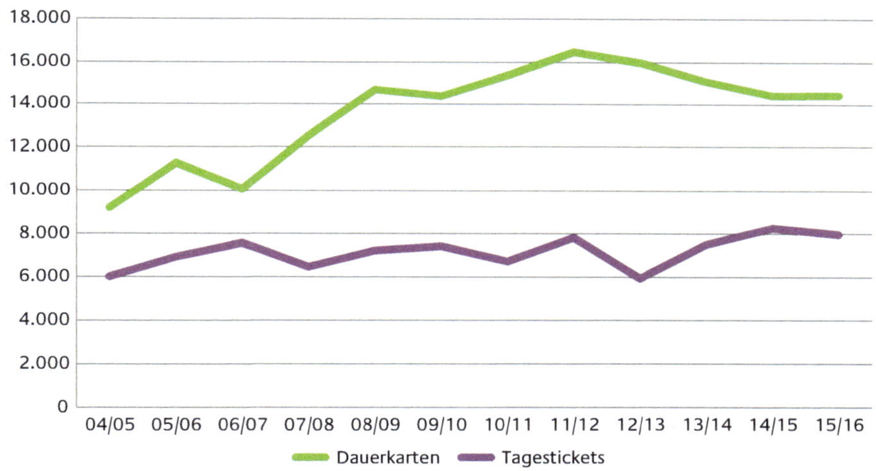

Abb. 47: Liniendiagramm

Die Häufigkeitsverteilung aufzeigen

Häufigkeitsdiagramm (Histogramm)

Das Häufigkeitsdiagramm wird immer dann genutzt, wenn dargestellt werden soll, wie häufig ein Element in einer Klasse vorkommt. So wird aus der Verteilung der Häufigkeit eine Struktur ersichtlich. Daraus lassen sich gegebenenfalls Gesetzmäßigkeiten für Entwicklungen ableiten.

- Die zwei Hauptanwendungsgebiete sind die Prognose von Risiko, Wahrscheinlichkeit oder Chance sowie die Sortierung von Datenmengen zum Erkennen eines wesentlichen Musters.
- Auf der y-Achse wird die Häufigkeit angegeben, also die Anzahl der Objekte oder Ereignisse innerhalb einer Klasse.

- Auf der x-Achse werden die Klassen dargestellt, in die der Merkmalswertebereich unterteilt wird.
- Untersuchen Sie nicht weniger als fünf und nicht mehr als 20 Klassen.
- Die Klassengrenzen dürfen sich nicht überschneiden, um eine klare Zuordnung zu ermöglichen.
- Nutzen Sie bei sehr vielen schmalen Klassen statt einer Häufigkeitsverteilung ein Liniendiagramm (Häufigkeitskurve).

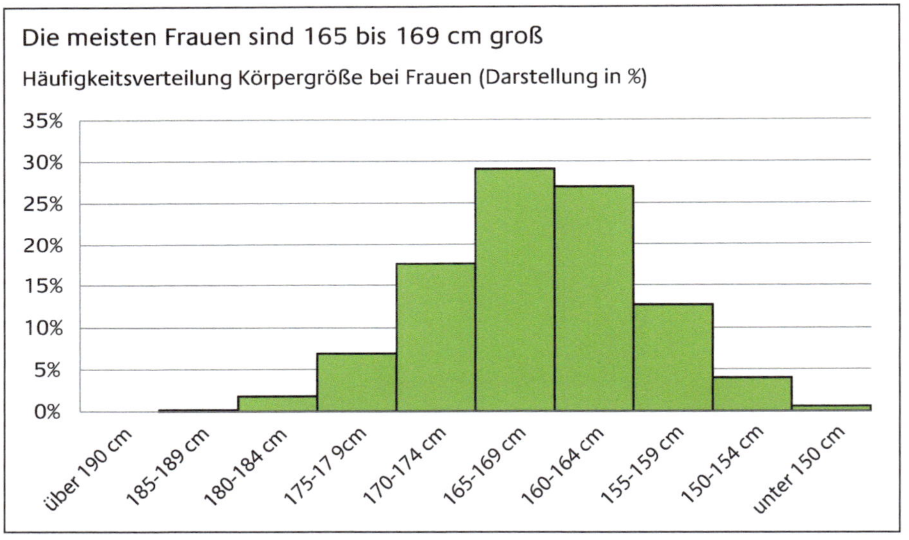

Abb. 48: Häufigkeits-Säulendiagramm (Quelle: https://de.wikipedia.org/wiki/Körpergröße#/media/File:Körpergröße.png)

Korrelationen darstellen

Doppelbalkendiagramm

Das Doppelbalkendiagramm wird dann eingesetzt, wenn zu mehreren Punkten ein Vergleich angestellt wird. So können die Abhängigkeiten der verglichenen Variablen und damit deren Korrelationen aufgezeigt werden. Das Doppelbalkendiagramm wird auch Schmetterlingsdiagramm genannt.

- Verwenden Sie ein Doppelbalkendiagramm beim Vergleich von bis zu 15 Punkten.

- Ist bei Variablen auf beiden Seiten keine ähnliche Häufigkeit gegeben, wird üblicherweise die linke Seite ab- oder aufsteigend geordnet. Die Werte der rechten Seite werden entsprechend daran orientiert.
- Ist bei Variablen eine ähnliche Häufung gegeben, werden die Balken spiegelbildlich nach der Häufigkeit geordnet, z. B. bei der prognostizierten Altersverteilung bei Männern und Frauen eines Landes.
- Eigene Wertungen können Sie durch eine davon abweichende Anordnung der Balken gezielt betonen.
- Die vertikale Achse ist keine skalierte Achse, sondern dient der Objektbezeichnung. Sie bezeichnet die Gemeinsamkeit der beiden verglichenen Säulen.

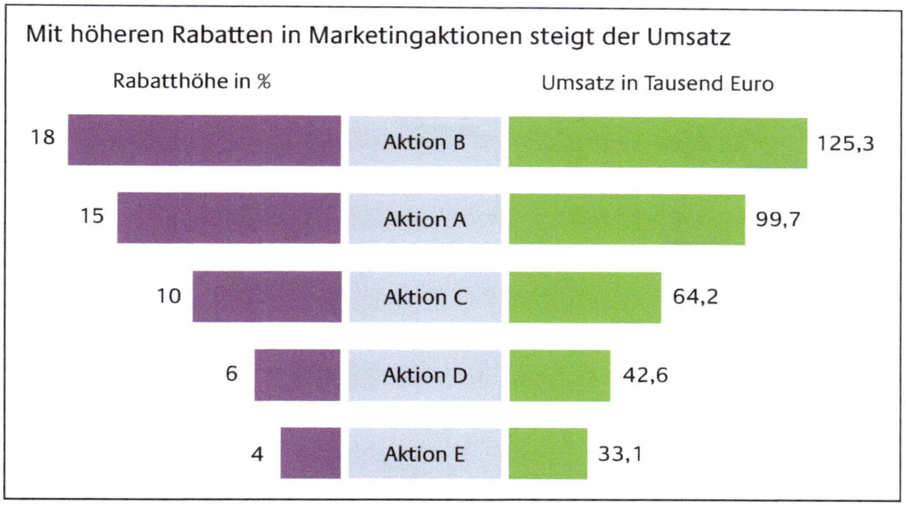

Abb. 49: Doppelbalkendiagramm

Streudiagramm

Mit einem Streudiagramm werden komplexe Korrelationsmuster dargestellt. Es wird ein Betrachtungsgegenstand auf zwei Variablen hin untersucht, die jeweils durch die beiden Achsen dargestellt werden. Dabei können große Datenmengen in Relation gesetzt werden. Die Häufung der eingetragenen Werte gibt einen möglichen Zusammenhang wieder, der mit einer Korrelationsgeraden verdeutlicht wird.

Es gibt zwei Sonderformen des Streudiagramms: Das kombinierte Punktediagramm stellt zwei unterschiedliche Betrachtungsgegenstände innerhalb eines Diagramms dar. Das Ringe-Diagramm zeigt eine dritte Variable durch die Größen- oder Farbabstufung der Punkte an.

- Nur wenn die zeitliche Entwicklung eine der Variablen darstellt, ist die x-Achse die Zeitachse.
- Bei großen Datenmengen kann eine Unübersichtlichkeit bzw. Ungenauigkeit entstehen, da die Kennzeichnung der Punkte im Diagramm schwierig ist. Erläutern Sie diese gegebenenfalls mit einer ausführlichen Legende, z. B. durch Farb- oder Musterzuordnung.

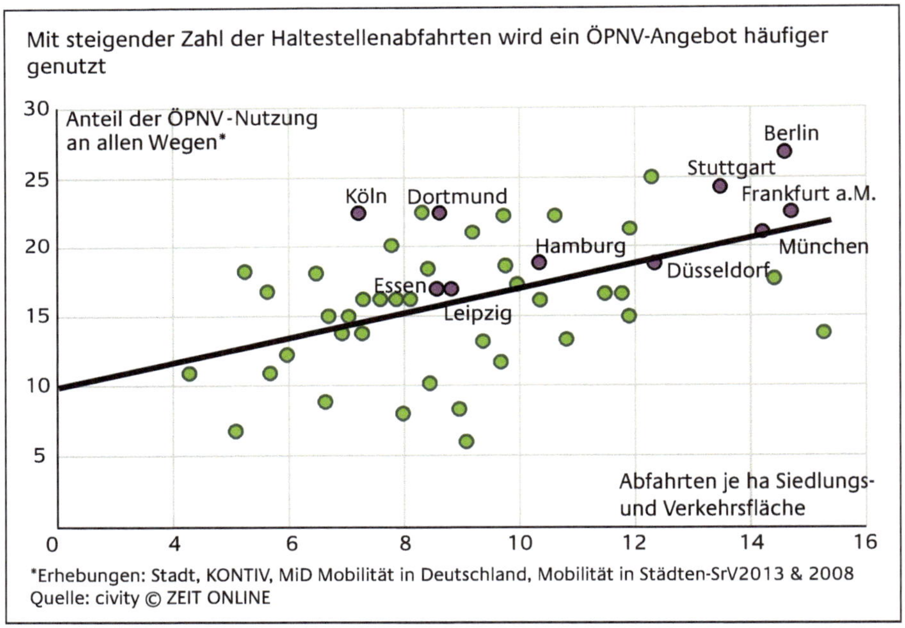

Abb. 50: Streudiagramm (Quelle: Civity © Zeit Online)

7.2 Mit Strukturgrafiken aktivieren, erklären, verankern und fokussieren

Zur Darstellung von Strukturen oder Prozessen eignen sich bevorzugt Strukturgrafiken. Damit können qualitative Aussagen optimal visualisiert werden.

Für die Funktionen Erklären oder Verankern bieten Strukturgrafiken die Möglichkeit, Beziehungen und Zusammenhänge zwischen einzelnen Teilaussagen optisch zu unterstreichen.

Für die Funktionen Aktivieren oder Fokussieren eignen sich Strukturgrafiken, wenn sie durch das Aufzeigen von kausalen Folgen motivierende Wirkung haben oder durch gezielte visuelle Aufbereitung Schwerpunkte herausstellen.

Zu den genannten Aspekten sind jeweils unterschiedliche Darstellungsmöglichkeiten geeignet. Beim pyramidalen Visualisieren geben die logischen Gruppen und logischen Ketten vor, welche Formen sich zur Darstellung eignen:

- Stellen Sie bei logischen Gruppen zunächst fest, ob es sich um eine Und-, Oder- bzw. Danach-Gruppe handelt (Kapitel 4.1). Diese Einteilung bestimmt die Kategorie der Strukturgrafik, aus der diejenige ausgewählt wird, die zu Funktion und Botschaft am besten passt.
- Wählen Sie für logische Ketten (Kapitel 4.2) die Strukturgrafik, die am besten für die zu visualisierende Botschaft geeignet ist.

Die Formen im Folgenden helfen bei der Orientierung und Auswahl. Sie bilden eine Zusammenstellung einfacher Umsetzungen für logische Gruppen sowie logische Ketten.

Folgt einer zu visualisierenden Botschaft keine weitere Unterteilung als logische Gruppe oder logische Kette, so ist die Aussage und Funktion der Botschaft für die Visualisierung der Folie ausschlaggebend. Entsprechend sind je nach festgelegter Funktion alle daraus ableitbaren Formen der Visualisierung möglich.

Generell gilt für die Visualisierung mit Strukturgrafiken:

- Die zu untermauernde Botschaft steht in der Überschrift.
- Die kräftigste Farbe wird für das wichtigste Element verwendet.
- Die Farben sind durch genug Kontrast klar voneinander zu unterscheiden.

- Legenden und Beschriftungen sind ausreichend groß und für den Empfänger gut lesbar.

Bei jeder Strukturgrafik gilt es, die jeweiligen Besonderheiten bei der visuellen Ausgestaltung zu beachten.

Logische Gruppen mit Strukturgrafiken visualisieren

Logische Gruppen bestehen aus gleichartigen Elementen, die in drei Bezügen zueinander stehen können: die Und-Gruppe für einander ergänzende Aussagen, die Oder-Gruppe für einander ausschließende Aussagen und die Danach-Gruppe für aufeinander folgende und aufbauende Aussagen. Der jeweilige Bezug der Elemente einer Gruppe zueinander gibt vor, welcher Typ von Strukturgrafik sich für die Darstellung eignet.

Und-Gruppen bestehen aus einander ergänzenden Elementen

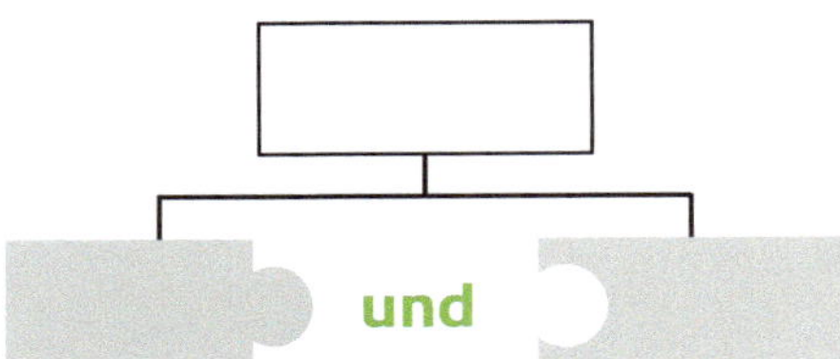

Zu den Strukturgrafiken für die Visualisierung von Und-Gruppen gehören:

- Baumstrukturen
- Radiale mit Kern
- Radiale ohne Kern
- Cluster
- Differenzierende Grafiken

Baumstrukturen

Baumstrukturen stellen Strukturen und Hierarchien dar. Alle zu einem Punkt gehörigen Elemente sind mit Linien verbunden auf der Ebene direkt unterhalb angeordnet und bilden eine Und-Gruppe. Die Reihenfolge der Anordnung kann eine Wertung ausdrücken.

Um die Übersichtlichkeit zu gewährleisten, sollten Sie keine allzu komplexen Strukturen mit einer Grafik darstellen. Unterteilen Sie bei vielen Elementen oder Ebenen in einzeln dargestellte Untergruppen.

- Stellen Sie pro Zweig maximal fünf Punkte dar.
- Einzelne Unterpunkte können vom wichtigsten zum weniger wichtigen angeordnet werden.

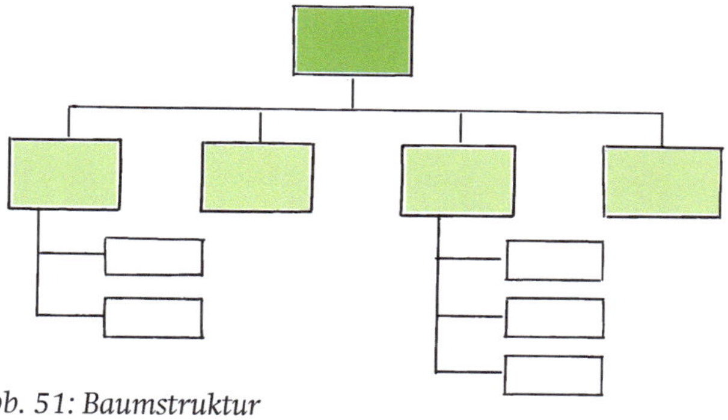

Abb. 51: Baumstruktur

Vorsicht: Baumstrukturen innerhalb der empfängerorientierten Präsentation sind nicht dafür vorgesehen, den hinter der Präsentation stehenden pyramidalen Aufbau wiederzugeben, der im ersten Schritt der Strukturierung angelegt wurde.

Radiale Grafik mit Kern

Bei der radialen Grafik mit Kern werden einzelne Unterpunkte ohne Hierarchisierung um das Zentrum angeordnet, welches die zu untermauernde Botschaft darstellt. Aufgrund der Doppelung zum Action Title kann dieser innerhalb der Grafik verkürzt wiedergegeben werden.

- Ordnen Sie nicht mehr als fünf Punkte um den Kern an.
- Die zu untermauernde Botschaft stellt das einende Kriterium dar.
- Die Grafik ist zur Darstellung von mehreren Ebenen geeignet.

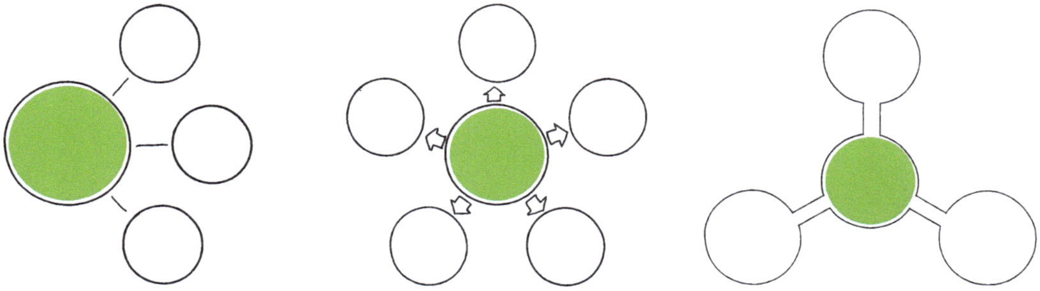

Abb. 52: Radiale Grafik mit Kern

Radiale Grafik ohne Kern

Bei der radialen Grafik ohne Kern werden einzelne Unterpunkte ohne Hierarchisierung angeordnet. Diese Darstellungsform impliziert durch die relative Nähe der Elemente deren gegenseitige Verbindung.

- Ordnen Sie nicht mehr als fünf Punkte als Radial an.
- Setzen Sie je nach Form Verbindungslinien zwischen die Elemente.

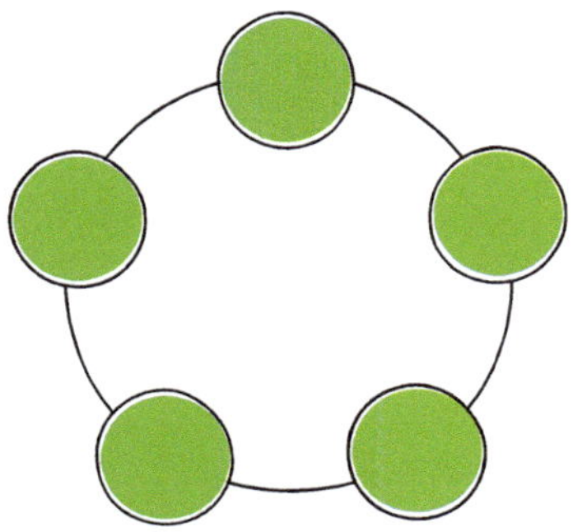

Abb. 53: Radiale Grafik ohne Kern

Cluster Grafik

Einzelne Objekte werden ohne Hierarchisierung zusammengeballt angeordnet. Es gibt überlappende, einschließende und formatierende Cluster.

- Stellen Sie maximal fünf Punkte auf einer Ebene dar.
- Bei einschließenden Clustern ist die zu untermauernde Botschaft das einende Element.
- Überlappende Cluster stellen gemeinsame Interessen, Anteile oder Verantwortungsbereiche dar.
- Formatierende Cluster verbinden lose Elemente, die einen Mehrwert oder ein gemeinsames Prinzip aufzeigen.

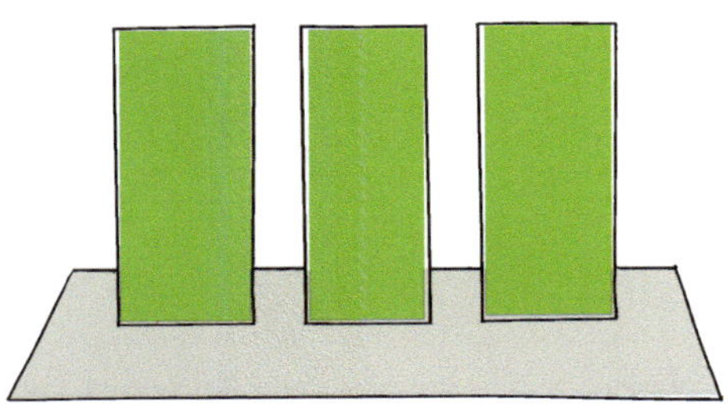

Abb. 54: Einschließende Cluster

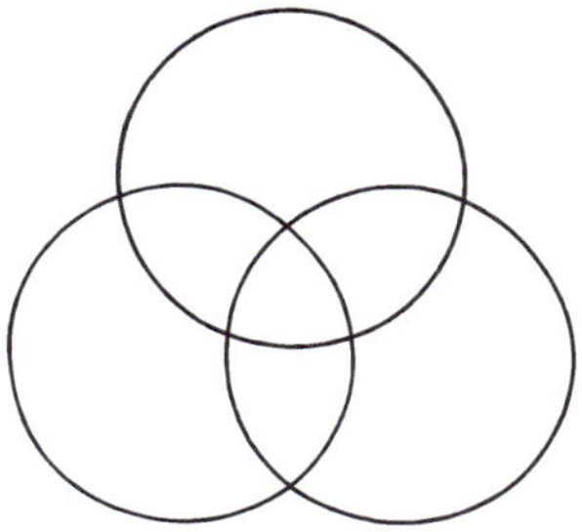

Abb. 55: Überlappende Cluster

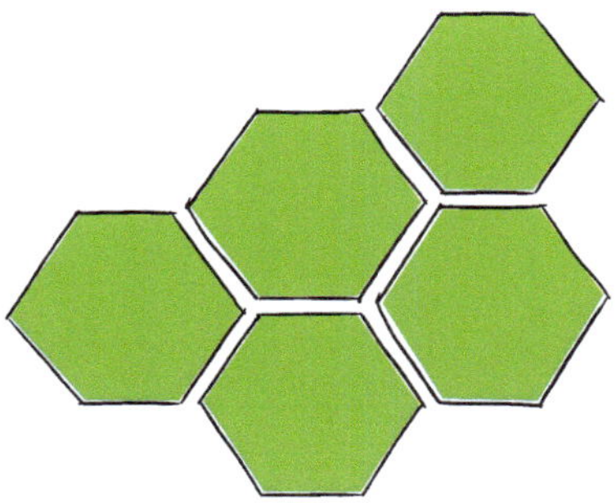

Abb. 56: Formatierende Cluster

Differenzierende Grafik

Differenzierende Grafiken eignen sich bei Und-Gruppen ohne Hierarchisierung. Ausgehend von einer gemeinsamen Basis werden differenzierende Optionen oder Wege verdeutlicht, zumeist mit Pfeilen dargestellt.

- Stellen Sie maximal fünf Punkte dar.

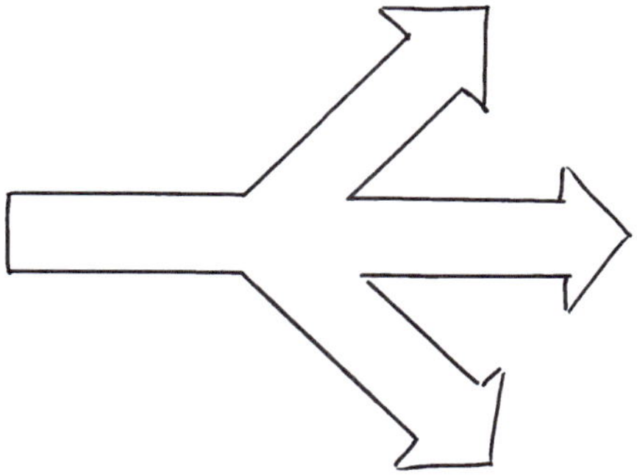

Abb. 57: Differenzierende Grafik

Oder-Gruppen zeigen einander ausschließende Aussagen auf

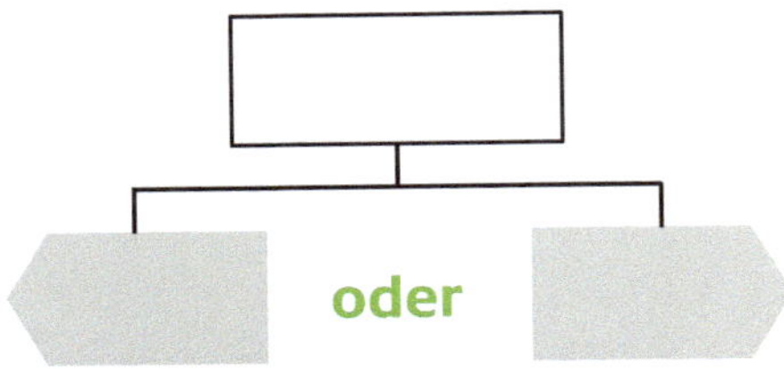

Zur Visualisierung eignen sich:

- Divergente Grafiken ohne Kern
- Divergente Grafiken mit Kern

Divergente Grafik ohne Kern

Hier werden Richtungsentscheidungen visualisiert. Dabei sind Elemente dargestellt, die sich gegenseitig ausschließen oder widersprechen.

- Ordnen Sie maximal fünf Elemente an.
- Die Elemente werden als Pfeil visualisiert symmetrisch auseinanderstrebend ausgerichtet.

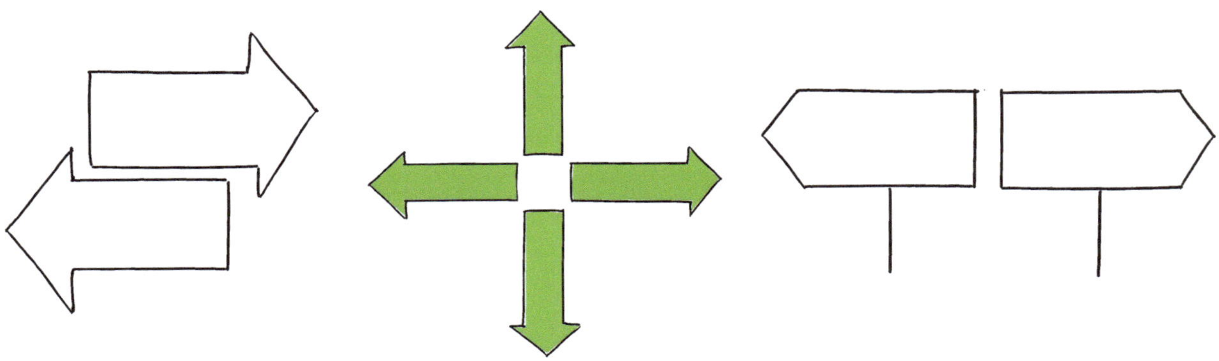

Abb. 58: Divergente Grafiken ohne Kern

Divergente Grafiken mit Kern

Bei divergenten Grafiken mit Kern werden Richtungsentscheidungen visualisiert. Dabei werden Elemente dargestellt, die sich gegenseitig ausschließen oder widersprechen. Die nicht vorhandene Verbindung der einzelnen Teile verweist darauf, dass die Entscheidung nur auf eines der Elemente fallen kann.

- Ordnen Sie maximal fünf Elemente an.
- Die Elemente werden symmetrisch fächerförmig ausgerichtet.
- Achten Sie beim Einsatz von richtungsweisenden Linien darauf, dass es keine Verbindung zum Zentrum gibt.

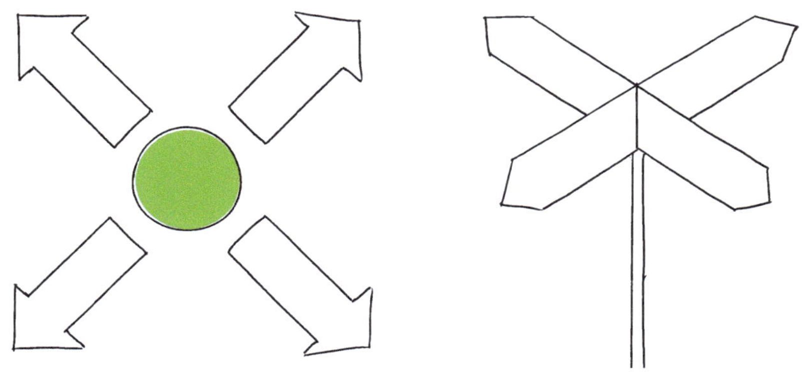

Abb. 59: Divergente Grafiken mit Kern

Vorsicht: Dieser Visualisierungstyp hat eine starke Ähnlichkeit mit der Form »Radiale mit Kern« der Und-Gruppen. Richtungsentscheidungen ohne Zentrum heben sich klarer von den Radialen mit Kern ab und sind so eindeutiger. Mit der fehlenden Verbindung zum Kern stellen Sie dar, dass nur eine Option gewählt werden kann.

Danach-Gruppen zeigen in einem Prozess aufeinander folgende und aufbauende Aussagen auf

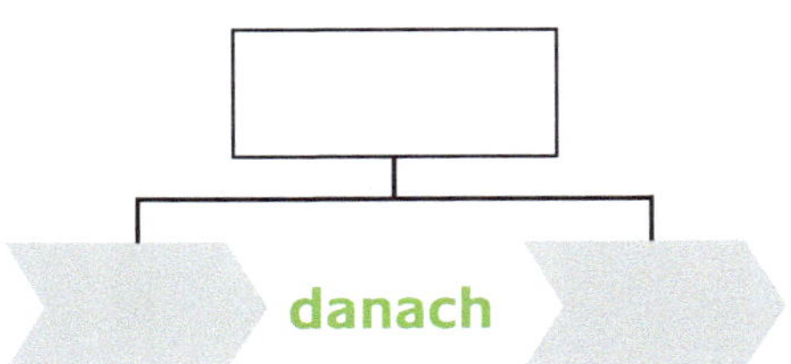

Für die Darstellung eignen sich:

- Lineare Flow-Grafiken
- Zirkulare Flow-Grafiken
- Differenzierte Flow-Grafiken

Lineare Flow-Grafik

Lineare Flow-Grafiken zeigen zeitlich linear aufeinander folgende Phasen oder Prozessschritte. Die Elemente werden nach der Reihenfolge innerhalb des Prozesses angeordnet. Es wird impliziert, dass der eine Punkt den nächsten bedingt. Anfang und Ende sind klar definiert.

- Stellen Sie maximal fünf Elemente dar.
- Die Elemente können horizontal oder vertikal gereiht werden.
- Um positive Entwicklungen hervorzuheben, können die Punkte entlang eines nach rechts oben deutenden Pfeils angeordnet werden.

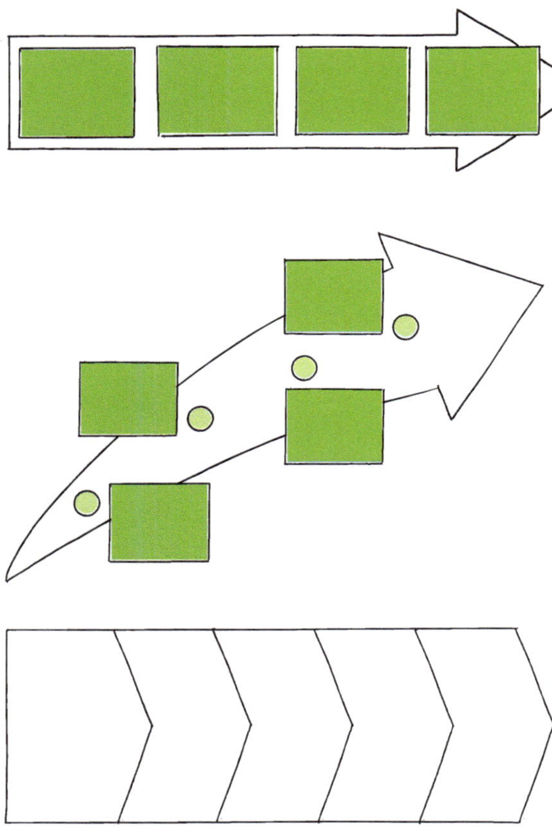

Abb. 60: Horizontale Flow-Grafiken

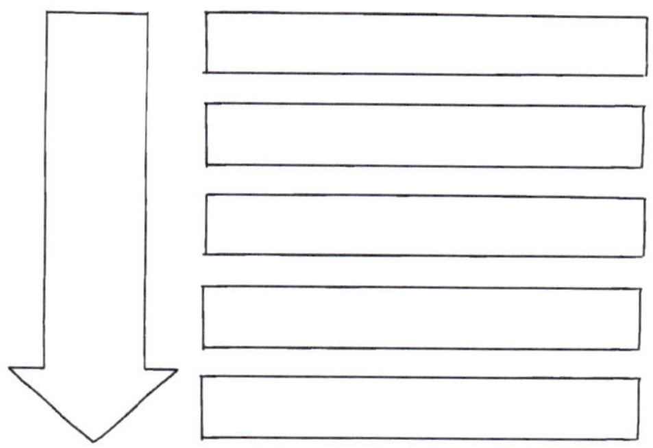

Abb. 61: Vertikale Flow-Grafik

Zirkulare Flow-Grafik

Zirkulare Flow-Grafiken zeigen kreisförmig verlaufende Phasen oder Prozessschritte. Die einzelnen Elemente sind in einem Zyklus ohne definierten Anfang oder Ende angeordnet und bilden einen geschlossenen Kreislauf.

- Ordnen Sie maximal fünf Elemente an.
- Ein Punkt innerhalb des Kreislaufs bedingt den nächsten.

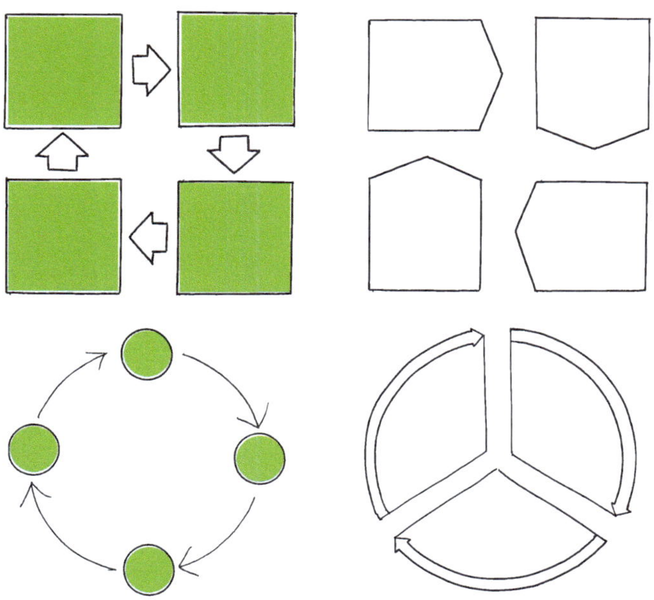

Abb. 62: Zirkulare Flow-Grafiken

Differenzierte Flow-Grafik

Differenzierte Flow-Grafiken bestehen aus Hauptelementen, die sich wiederum aus differenzierten Unterelementen zusammensetzen. Sie zeigen zeitliche Phasen oder Schritte eines Gesamtprozesses. Eine tiefere Ebene der Struktur wird mitvisualisiert, indem Sie bei einzelnen Punkten Details innerhalb des Prozesses darstellen. So ist eine verdichtete Darstellung von zwei Ebenen möglich. Anfang und Ende des Gesamtprozesses sind klar definiert. Es wird impliziert, dass ein Hauptelement das nächste bedingt.

- Ordnen Sie maximal fünf Prozessschritte an, die Sie jeweils weiter unterteilen können.
- Und-Gruppen werden innerhalb eines Hauptelements vertikal angeordnet, Danach-Gruppen horizontal (im Beispiel unten ist das erste Element eine Und-Gruppe, das dritte eine Danach-Gruppe).
- Zur klaren Abgrenzung sollte der Abstand zwischen den Hauptelementen der differenzierten Flow-Grafik größer sein als der innerhalb der differenzierten Unterelemente.
- Die Beschriftung der Hauptelemente des Prozesses steht entweder über oder unter den entsprechenden Schritten. Beschriften Sie die differenzierten Elemente gegebenenfalls innerhalb der Formen.
- Der Fortschritt innerhalb eines Prozesses kann mittels Farbverlauf vom Hellen ins Dunkle oder umgekehrt angezeigt werden. Dies verdeutlicht zusätzlich die Zusammengehörigkeit der weiter unterteilten Punkte eines Hauptelements.

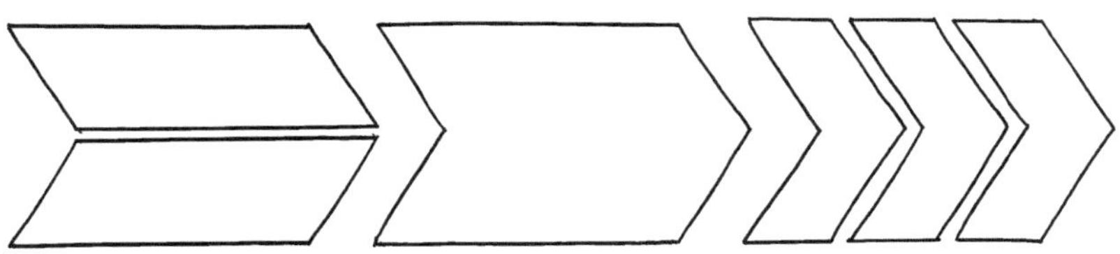

Abb. 63: Differenzierte Flow-Grafik

Logische Ketten mit Strukturgrafiken visualisieren

Für die Darstellung von logischen Ketten eignet sich ausschließlich die lineare Flow-Grafik. Diese ist bereits in den Ausführungen zur Visualisierung der Danach-Gruppe beschrieben, weicht aber in einzelnen Aspekten davon ab. Entscheidend ist die Verdeutlichung der festgelegten Abfolge der Einzelschritte.

Lineare Flow-Grafiken zeigen bei logischen Ketten die kausale Abfolge der Argumentation. Die Elemente werden innerhalb der Argumentationsstruktur der Reihenfolge nach angeordnet. Mit Pfeilgrafiken wird impliziert, dass der eine Punkt den nächsten bedingt. Anfang und Ende sind klar definiert.

- Stellen Sie immer drei Elemente entsprechend der Struktur der logischen Kette dar.
- Die Anordnung erfolgt linear, entweder vertikal von oben nach unten oder horizontal von links nach rechts.
- Kennzeichnen Sie die Richtung durch Pfeile.
- Vertikale Darstellungen von logischen Ketten eignen sich besonders, wenn die einzelnen Elemente mit mehreren Wörtern befüllt werden. Bei der horizontalen Ausrichtung der Folie fällt der Text in und unter den Elementen hingegen gedrungener aus.

Werden sowohl Danach-Gruppen als auch logische Ketten in einer Präsentation visualisiert, können die logischen Ketten über einen farblichen Verlauf der Elemente zusätzlich kenntlich gemacht und abgegrenzt werden. Die farbliche Intensität der Elemente steigert sich in Pfeilrichtung, was die Zuspitzung der logischen Kette verdeutlicht. Für die Danach-Gruppen werden hingegen in diesem Fall alle Elemente in der gleichen Farbe angelegt.

Abb. 64: Horizontale Darstellung

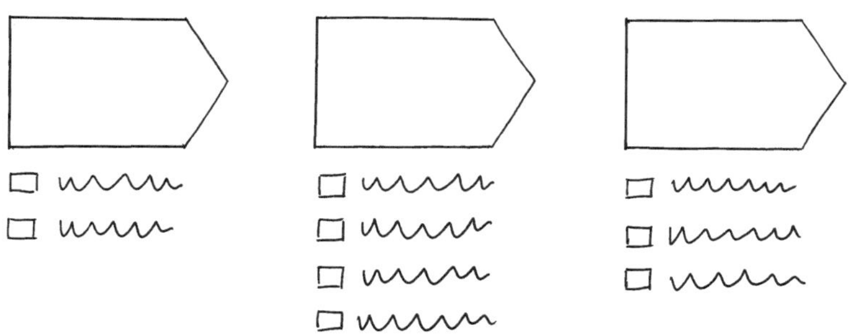

Abb. 65: Horizontale Darstellung mit tieferen Ebenen, falls deren Detailvisualisierung nicht für weitere Folien geplant ist

Abb. 66: Vertikale Darstellungen

Vorsicht: Bullet Points eignen sich nicht zur Darstellung von logischen Ketten, da sie eine Gleichartigkeit implizieren, die nicht gegeben ist. Auch zirkulare Flow-Grafiken eignen sich nicht, da bei der logischen Kette ein klarer Anfangs- und Schlusspunkt definiert ist.

7.3 Mit Bildern aktivieren, erklären, verankern und fokussieren

Neben den Strukturgrafiken gibt es die Möglichkeit, qualitative Aussagen mit einem Bild zu visualisieren. Auf derselben Folie dienen ergänzende Zahlen oder Statistiken in diesem Fall der Konkretisierung. Die Funktionen von Bildern sind: auflockern, Aufmerksamkeit erzeugen sowie Inhalte prägnanter beim Empfänger verankern.

Unter Bildern sind Fotos, Icons, Textbilder, Grafiken mit bildlichen Darstellungen sowie Cartoons zu verstehen:

- **Fotos** können Beschriebenes konkret abbilden oder eine Assoziation auslösen, die zu der Botschaft der Folie passt.
- **Icons** dienen vor allem als visuelle Wegweiser. Sie zeigen dem Empfänger bekannte, einfache Visualisierungen, die mit den gestützten Inhalten verknüpft und so einfach zu verstehen sind.
- **Textbilder** sind grafische Darstellungen oder Fotos, auf denen Textelemente das Abgebildete näher erläutern.

- **Grafiken mit bildlichen Darstellungen** (z. B. Zeichnungen) sorgen für erhöhte Aufmerksamkeit und veranschaulichen oder vertiefen die Botschaft.
- **Cartoons** zeigen meist Situationen in komischer oder satirischer Form in einem Bild. Comics zeigen dies in mehreren Bildern. Der Zuhörer bringt die Darstellung mit der Botschaft der Folie in Verbindung. In der Regel wirkt dies auflockernd.

Abb. 67: Bild mit einem sehr aufmerksamen Vogel, der die Blicke auf sich zieht

Bilder werden stets so ausgewählt, dass sie auf den Empfänger und die Aussage abgestimmt sind. Sie sind nur dann einprägsam, wenn sie der tatsächlichen Lebenswelt der Empfänger entsprechen und mit realistischen Erfahrungen abgeglichen werden können. Zudem sollten die Darstellungen sehr einfach sein. Es zählt nicht die Kunstfertigkeit oder Originalität, sondern dass sie dem Verständnis dienen.

Für Präsentationen, die wiederholt eingesetzt werden, besonders umfangreich oder wichtig sind, bietet sich ein visuelles Leitmotiv an. Dieses Leitmotiv basiert auf einer in Form, Farbe und Ästhetik zusammenhängenden Bilderwelt. Daran sollte sich die Auswahl für die gesamte Präsentation orientieren. Die Verwendung des Leitmotivs erleichtert die Zuordnung und steigert die Verständlichkeit für den Empfänger. Für eine Präsentation etwa zum Thema Neue Herausforderungen bietet sich als Leitmotiv das Meer mit dem farblichen Schwerpunkt blau und türkis an.

Abb. 68: Beispiel für Bilder zum Leitmotiv Meer

Allgemein gilt für den Einsatz von Bildern:

- Alle in einer Präsentation verwendeten Bilder haben einen einheitlichen oder zumindest ähnlichen Stil und eine vergleichbare Symbolik.
- Das zentrale Element des Bildes, welches die Botschaft stützt, steht im Fokus oder ist so platziert, dass ein ergänzender Text neben dem Bild gut auf der Folie eingepasst werden kann. Ist das Bild das entscheidende Element auf der Folie, lenkt bestenfalls nichts davon ab.
- Die Bilder werden in einem möglichst einheitlichen Farbschema gehalten, welches am Corporate Design orientiert ist. Allzu bunte Bilder sollten Sie vermeiden, Signalfarben nur dann einsetzen, wenn diese hervorheben, was die zum Bild gehörende Botschaft untermauert.
- Auf unnötige Details wird verzichtet. Stattdessen werden bewusst vereinfachte oder abstrahierte Darstellungen verwendet. Die Bilder sollen leicht zu erfassen sein und nicht vom Inhalt ablenken.

Abb. 69: Beispiel für einen Cartoon

Abb. 70: Beispiel einer Zeichnung, mit der ein Veränderungsprozess im Rahmen der Digitalisierung veranschaulicht wird

Vorsicht: Abbildungen von Stereotypen, vor allem Icons, können zur schnelleren Einordnung des Visualisierten durch die Empfänger eingesetzt werden, denn sie zeigen vereinfacht Zusammenhänge. Diese Abbildungen sind jedoch nicht dazu geeignet die Neugier anzuregen und hinterlassen zumeist keinen bleibenden Eindruck beim Empfänger.

Passende Bilder mittels Internetrecherche finden

Abb. 71: Beispiel für ein Foto zum Thema Recherche

Nicht immer hat man das passende Bild für eine Visualisierung parat. Als Inspiration kann die Bildersuche von Suchmaschinen verwendet werden, z. B. von Google. So generieren Sie neue Ideen für Ihre Gestaltung. Mit den abgeleiteten Suchbegriffen aus der Recherche können die Ihnen zur Verfügung stehenden Bibliotheken oder Bildportale erneut durchsucht werden, um passende Inhalte zu finden.

Folgende Tipps können bei der Bildersuche im Netz helfen:

- Zentrale Begriffe herausfiltern, die das Thema beinhalten
- Ober-, Unter- und verwandte Begriffe mit einbeziehen, ebenso Abkürzungen
- Englische Begriffe nutzen

- Bindewörter (Operatoren) zwischen Suchbegriffen einsetzen (z. B. »und«, »oder«, »nicht«, »xor« = nur einer der aufgeführten Begriffe darf vorkommen)

Lizenzfreie oder kostenpflichtige Bilder aus dem Internet nutzen

Abb. 72: Beispiel für ein Foto zum Thema Bildersuche

Für die Suche nach passenden Bildern gibt es zahlreiche Internetseiten, auf denen sowohl lizenzfreie als auch kostenpflichtige Bilder angeboten werden. Die folgenden Seiten sind verfügbar, bilden jedoch lediglich den aktuellen Stand ab und sind – wie vieles im Internet – im ständigen Wandel:

Lizenzfrei:
- https://pixabay.com/
- http://de.freeimages.com/
- https://unsplash.com/

Kostenpflichtig:
- http://www.istockphoto.com/de
- http://www.shutterstock.com/
- https://www.dreamstime.com/

In vielen Unternehmen steht eine Bibliothek mit Bildern für betriebliche Zwecke zur Verfügung. Häufig sind diese Sammlungen auf die Branche, die marktspezifische Zielgruppe sowie auf die Corporate Identity abgestimmt.

Bilder auf der Folie platzieren

Es gibt verschiedene Möglichkeiten, um Bilder auf Folien einzubinden. Welche Platzierung und welches Format Sie wählen, hängt von der Funktion ab. Achten Sie darauf, dass Bilder in der Regel die Aufmerksamkeit stärker auf sich ziehen als Text. Ähnlich verhält es sich, wenn Diagramme oder Strukturgrafiken mit einem Bild konkurrieren. Daher sollten Sie bei der Platzierung der Inhalte darauf achten, dass die relevanten Inhalte links angeordnet werden, da dies der Leserichtung entspricht. Ein rechts von anderen Inhalten angeordnetes Bild wird so zwar zuerst wahrgenommen, durch die Anordnung aber gleichzeitig als weniger wichtig gekennzeichnet.

Die Folie wird großflächig mit einem Bild ausgefüllt

Großflächige Bilder werden genutzt, wenn das Ziel die Aktivierung der Empfänger ist oder ein Bild den Zusammenhang besser veranschaulicht als eine andere Darstellungsform. Dabei wird das Bild unter die Botschaft im Folienkörper platziert.

Alternativ kann das Bild die gesamte Folie einnehmen, dann entfällt die Titelzeile und die Botschaft wird auf dem Bild selbst platziert. Dabei sollte die Schrift genug Kontrast zum Bild haben. Ein neutraler Hintergrundkasten hilft bei unruhigen Darstellungen.

Besonders Fotos eignen sich als großflächig genutzte Bilder. Generell ist auf den goldenen Schnitt zu achten. Das wesentliche Element des Bildes wird dabei nicht im Zentrum platziert. Stattdessen wird die Folienfläche horizontal oder vertikal ca. in Drittel unterteilt und auf einer der äußeren Flächen das wesentliche Element platziert.

Das Bild neben dem Textinhalt platzieren

Das Bild wird rechts oder links auf der Folie platziert, auf der freien Fläche daneben der Text. So kann z. B. eine Aussage durch ein links platziertes Bild gestützt werden, während die rechts davon stehenden Bullet Points die Aussage auf der nächsttieferen Ebene der pyramidalen Struktur detaillieren (Zeichnung oben links).

Steht links der Text als Bullet Points und rechts das Bild, so unterstützt das Bild lediglich die Aussage der Bullet Points und wird nachrangig wahrgenommen (Zeichnung oben rechts).

Mehrere kleine Bilder zur Verdeutlichung einer logischen Gruppe oder logischen Kette

Zu einer Aussage wird jedes Element einer logischen Gruppe oder logischen Kette mit einem Bild oder einem Icon verdeutlicht. Die Anschaulichkeit wird so erhöht. Ist diese Form der Visualisierung für eine der oberen Ebenen der pyramidalen Struktur gewählt, unter der weitere Elemente folgen, so kann die Visualisierung zur besseren Orientierung in Form von Navigatoren wiederholt werden (siehe Kapitel zu Orientierungsfolien und Navigatoren).

Das Bild neben einem Diagramm oder einer Strukturgrafik platzieren

Neben einem Diagramm oder einer Strukturgrafik, die beweisen oder weiter detaillieren, dient ein Bild in der Regel dazu, die gestützte Aussage weiter zu veranschaulichen. Daher wird das Bild rechts platziert.

7.4 Mit Text Details präzisieren

Hat die Botschaft einer Folie die Funktion zu präzisieren, kommt in der Foliengestaltung Text zum Einsatz. Dabei ist maßgeblich, dass kein Fließtext verwendet wird, sondern Bullet Points. Für einen durchgängigen Text ist eine Präsentation das falsche Medium. Eine Ausnahme bilden kurze Zitate.

Die Botschaften aus der pyramidalen Struktur werden demnach nicht ausgeschrieben auf dem Folienkörper genutzt, sondern gekürzt in Form von Bullet Points. Mehrere Botschaften auf dem Folienkörper sind als Textelemente zu lang, um vom Empfänger schnell erfasst zu werden. Insbesondere bei Vorträgen ist es nicht möglich, lange Texte zu lesen und gleichzeitig dem Redner zu folgen. Auch für den Vortragenden selbst sind ausgeschriebene Textelemente hinderlich, da sie die schnelle Orientierung und Bezugnahme zum Inhalt der Folie erschweren. Anstelle von Fließtext sollten Sie in Präsentationen generell Bullet Points nutzen.

Bullet Points statt Botschaften im Folienkörper verwenden

Bullet Points sind zugunsten der schnellen Lesbarkeit gekürzte Botschaften einer logischen Gruppe. Sie müssen nicht zwingend ein Verb enthalten und sind jeweils einzeln mit einem Aufzählungszeichen gekennzeichnet. Dabei zu vermeiden sind Artikel, Präpositionen, Passivkonstruktionen, Hilfsverben oder ausgeschriebene Übergänge. Bullet Points bestehen unter Umständen aus inhaltlich stark verdichteten Stichpunkten oder sind in der knappsten Form Schlagwörter. Sinn und Zusammenhang auf der Folie ergeben sich durch den Action Title, der die einzelnen Bullet Points in den gemeinsamen Kontext bringt und ihnen so eine konkrete Aussage verleiht. Werden auf einer Folie zwei unterschiedliche Ebenen der pyramidalen Struktur mit Bullet Points dargestellt, sollten diese klar durch unterschiedliche Aufzählungszeichen, Einrückungen und gegebenenfalls durch die Schriftgröße gekennzeichnet werden.

Werden Bullet Points grafische Elemente, wie Icons oder kleine Bilder, zugeordnet, ist darauf zu achten, dass die Verbindung eindeutig hergestellt werden kann: Die Grafik ist von der Größe dem entsprechenden Text angepasst und steht unmittelbar daneben. Weiterhin sollte bei einer logischen Gruppe nach Möglichkeit jedem Punkt ein grafisches Element hinzugefügt sein. Werden z. B. von vier Bullet Points nur drei mit einem Icon versehen, fällt der vierte Punkt in der Wahrnehmung der Empfänger zurück und wird gegebenenfalls nicht als gleichwertig und zugehörig erkannt.

Tabellarisch angeordnete Textelemente einsetzen

Bei Textelementen, die in tabellarischer Form angeordnet sind, sollten zusammengehörige Informationen spalten- oder zeilenweise in der gewohnten Leserichtung dargestellt werden, also von oben nach unten oder von links nach rechts. Rahmen und Trennungslinien dienen neben der einheitlichen Ausrichtung der Elemente zur Orientierung bei der Rezeption. Farbliche Markierung und gezielt eingesetzte Kontraste lenken die Aufmerksamkeit des Empfängers und heben so die relevantesten Punkte für die gestützte Botschaft hervor.

Tabellen wirken schnell überladen oder sind nicht mehr lesbar, wenn zu viele Informationen transportiert werden sollen. Daher ist eine gezielte Vorauswahl der dargestellten Inhalte zu treffen und auf eine präzise Beschriftung im Spalten- bzw. Zeilenkopf zu achten. Statt eine umfangreiche Tabelle einzubinden, die Ihnen bei der Erarbeitung geholfen hat, sollten Sie nur eine Auswahl der wichtigsten Informationen darstellen, die dann in Form einer übersichtlichen Tabelle mit Hervorhebungen platziert wird.

Vorsicht: Grundsätzlich gilt es zu überlegen, ob die ausgewählten Inhalte einer Tabelle mit einer anderen Visualisierung besser aufbereitet werden könnten. Oft werden Tabellen mit Textelementen eingesetzt, obwohl die Funktion Aktivieren, Erklären, Verankern oder Fokussieren ist und damit eine Strukturgrafik sinnvoller wäre.

Allgemeine Hinweise zum Umgang mit Text beachten

Sowohl für Bullet Points als auch Text-Tabellen gelten Formulierungsgrundsätze, die teilweise bereits durch das GÜTE-Siegel und die Struktur der logischen Gruppen eingeführt sind:

- Die Textelemente werden möglichst kurz gehalten, z. B. auf Stichpunkte oder als Schlagworte konzentriert.
- Ähnliche Inhalte werden nach Möglichkeit zusammengefasst, sodass keine Redundanzen oder Wiederholungen auftauchen.
- Die Textelemente weisen eine einheitliche Satz- bzw. grammatikalische Struktur auf, z. B. gleiche Stellung von Verb und Substantiv, gleiche Wortarten.
- Inhaltsverwandte Textelemente werden gruppiert und der Gemeinsamkeiten oder der Wertigkeit nach angeordnet.

Vorsicht: Der Einfachheit halber werden in Präsentationen häufig Textelemente verwendet, da diese schnell und unkompliziert eingebunden werden können. Sie sollten jedoch, wenn möglich, in Verbindung mit grafischen Elementen präsentiert oder durch entsprechende Visualisierungen ersetzt werden, z. B. durch beschriftete Strukturgrafiken.

8. Mit Orientierungsfolien und Navigatoren die Empfänger durch die pyramidale Struktur leiten

Bei umfangreichen Foliensätzen erleichtern optische Mittel die Orientierung innerhalb der Struktur. Dafür eignen sich Orientierungsfolien und Navigatoren.

8.1 Orientierungsfolien für die Schlüsselbotschaften einsetzen

Orientierungsfolien enthalten die Schlüsselbotschaften aus der zweiten Ebene der pyramidalen Struktur, die mit ihrer Agenda-Funktion durch das Dokument leiten. Für die Übersichtlichkeit innerhalb der Präsentation sind Orientierungsfolien nur dann sinnvoll, wenn die Präsentation aus mehr als zehn Folien besteht und zwischen den einzelnen Orientierungsfolien je mindestens drei Inhaltsfolien folgen. Für die Darstellung gibt es drei Möglichkeiten:

- Auf der Orientierungsfolie wird die Kernbotschaft mit den Schlüsselbotschaften wiederholt. Diejenige Schlüsselbotschaft wird farblich hervorgehoben, welche durch die darauffolgenden Folien untermauert wird. Alternativ können auch alle anderen Punkte ausgegraut werden.

- Auf den Orientierungsfolien steht nur die jeweilige Schlüsselbotschaft als Abschnittsübersicht. Wenn zusätzlich Icons oder Bilder für die einzelnen Schlüsselbotschaften eingeführt wurden, können diese hier wiederholt werden. Bei durchnummerierten Schlüsselbotschaften wird die Nummerierung hier ebenfalls genutzt.

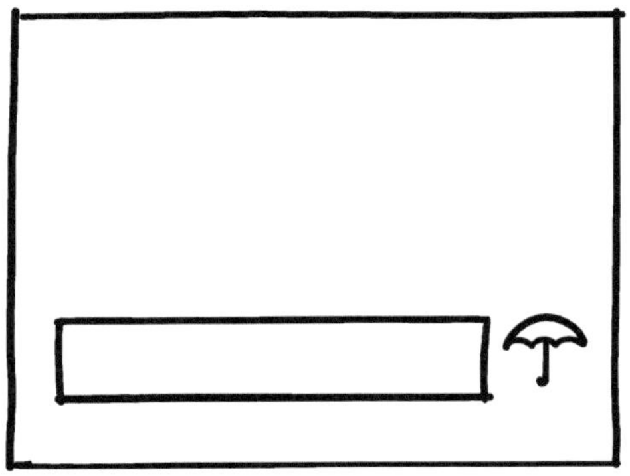

- Auf der Orientierungsfolie kann ein vollflächiges Bild mit der Nennung der zugehörigen Botschaft gezeigt werden, welches die Aussage transportiert. Durch die visuelle Abwechslung wird neben der Orientierungsfunktion in diesem Fall die Aufmerksamkeit der Empfänger angeregt.

8.2 Navigatoren für die schnelle Einordnung der Folien verwenden

Navigatoren sind eine mitlaufende textliche oder optische Agenda, über die der Zusammenhang einer logischen Gruppe oder logischen Kette innerhalb der Präsentation verdeutlicht wird. Der jeweilige Punkt, zu dem die Folie gehört, wird im Navigator optisch hervorgehoben. Die Empfänger können damit jederzeit den zugehörigen Oberpunkt zu einer Detailfolie verorten und behalten so den Überblick über den inhaltlichen Fortschritt innerhalb der jeweiligen Ebene. Einen Mehrwert bieten Navigatoren vor allem, wenn einem Unterpunkt viele detaillierende Folien folgen.

Navigatoren können für die Ebene der Schlüsselbotschaften ebenso wie für jede tiefere Ebene genutzt werden. Die Übersichtsfolie, auf die die Navigatoren verweisen, steht direkt vor der ersten mit einem Navigator versehenen Folie und bildet die Klammer für den Einsatz der Navigatoren. Es kann immer nur ein Navigator je Folie genutzt werden, eine weitere Untergliederung ist nicht sinnvoll.

Text-Navigator

Text-Navigatoren greifen die als Schlagworte formulierten Punkte einer logischen Gruppe auf einer Übersichtsfolie auf. Platziert werden sie über den Botschaften einer Folie im Folientitel. Es werden alle Elemente der jeweiligen logischen Gruppe hintereinander in einer Zeile notiert, die Schrift sollte dabei ca. vier Stufen kleiner sein als die der Botschaft. Die Text-Navigatoren werden mit einem mittleren Grau eingefärbt, um sie von der Botschaft abzusetzen. Das Schlagwort, unter welches die Folie strukturell gehört, wird durch schwarze Schriftfarbe oder einen dunklen Grauton und/oder Fettung hervorgehoben.

Projektauftrag – **Ziele** – Meilensteine – Projektplan – Budget

Der Neubau der Anlage muss bis zum Ende des Geschäftsjahres fertiggestellt sein

Abb. 73: Text-Navigator Beispiel

Grafik-Navigator

Diese Navigatoren-Form nutzt Icons oder Miniaturansichten von Strukturgrafiken.

Icon-Navigatoren

Icons werden erst auf der Folie etabliert, auf welche sich dann alle Icon-Navigatoren der Folgefolien beziehen. Dies könnte z. B. die Schlüsselbotschaft »Fünf bisher nicht von uns genutzte Marketingstrategien versprechen Erfolg« sein, welcher fünf Detailbotschaften folgen, denen jeweils ein Icon zugeordnet wird (das Beispiel eines Details mitsamt Icon finden Sie in der Abbildung unten). Die Schlüsselbotschaft steht auf der Folie dann im Action Title, die Icons werden vor oder hinter den Bullet Points zu den Details angeordnet. Auf den Folgefolien findet sich die Botschaft der Details im Action Title wieder, das jeweilige Icon kann dann als Navigator entweder links vor dem Action Title oder rechts dahinter platziert werden, alternativ auch am rechten Folienrand direkt unter dem Action Title. Ein Beispiel für den Einsatz von Icons als Navigatoren sind die Icons zu den zehn Methodenschritten dieses Buches, welche sowohl auf der jeweiligen Übersichtsseite des Buchteils abgebildet sind als auch zum Start jedes Kapitels auf der ersten Seite.

Abb. 74: Grafik-Navigator – Icon Beispiel

Strukturgrafik-Navigatoren

Nachdem eine Strukturgrafik für eine logische Gruppe oder eine logische Kette auf einer Folie eingeführt wurde, kann diese auf den Folgefolien als Navigator in Form einer Miniaturansicht genutzt werden. Der Text in der Strukturgrafik wird für die Verwendung als Navigator gelöscht und die Grafik verkleinert. Das jeweilige Element, zu welchem die detaillierenden Folien gehören, wird farblich hervorgehoben. Alle anderen Elemente werden ausgegraut oder ohne Füllung dargestellt. Platziert werden Grafik-Navigatoren rechts oben auf dem Folienkörper, direkt unter dem Folientitel. Die Größe sollte zwei Kästchen der von der Präsentationssoftware zuschaltbaren Gitternetzlinien nicht überschreiten.

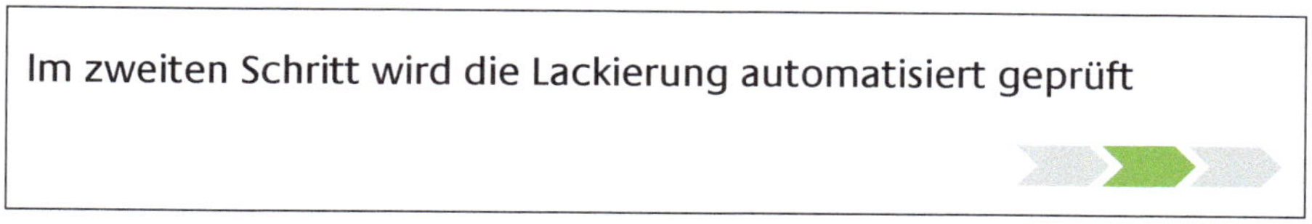

Abb. 75: Grafik-Navigator – Strukturgrafik Beispiel

Weitere Beispiele:

Übung N

Überlegen Sie, ob Sie für die Präsentation zu Ihrem Thema Orientierungsfolien oder Navigatoren einsetzen wollen, indem Sie abwägen, ob die Empfänger diese Hilfestellung benötigen.

Ziel ist es, die Übersicht der Empfänger im Dokument zu steigern, ohne den Foliensatz dadurch zu überladen. Setzen Sie Orientierungsfolien und Navigatoren daher gezielt vor allem für logische Gruppen mit vielen Unterpunkten oder für logische Ketten ein.

Hinweise:

- Nutzen Sie Orientierungsfolien nur dann, wenn Sie insgesamt mehr als zehn Inhaltsfolien haben und den einzelnen Orientierungsfolien je mindestens drei Folien folgen.
- Es kann maximal ein Navigator pro Folie genutzt werden.
- Bei umfangreichen Foliensätzen können Sie die Schlüsselbotschaften auf Orientierungsfolien wiedergeben und die Struktur der jeweiligen einzelnen Schlüsselbotschaften bei Bedarf mit Navigatoren darstellen.

Nehmen Sie sich ca. fünf Minuten Zeit.

Anwendungsbeispiel »Hyper Seal« zur Veranschaulichung der Navigatoren

Um seinem Publikum mehr Orientierung zu geben, plant Projektleiter Jonas Bäcker Icons als Navigatoren, um durch die Folien zu führen. Er wählt dafür die auf dem Folienkörper der Kernbotschaftsfolie platzierten Schlüsselbotschaften aus. Diese wiederholt er als Navigatoren vor den Action Titles der Schlüsselbotschaftsfolien (siehe in der Visualisierung der Storyboards in Kapitel 9).

9. Das visuelle Drehbuch der Folien mit dem Storyboard skizzieren

Während der Erstellung eines Foliensatzes mit einer Präsentationssoftware ist es schwierig, den Überblick zu behalten. Die Präsentation soll einen visuellen Zusammenhang haben und dem Empfänger Abwechslung bieten. Fängt man nach der Planung der Folien-Storyline und der Festlegung der Funktionen unmittelbar mit der Gestaltung an, besteht die Gefahr, sich in Details zu verlieren. Zudem wird die Visualisierung häufig von den in der Software vorgeschlagenen Vorlagen dominiert, die eigene Gestaltungsideen unterdrücken.

Um dem vorzubeugen, nutzen Sie die aus dem Bereich des Films entliehene und entsprechend angepasste Storyboard-Methode. Damit kann mit wenig Aufwand über den einschränkenden Blick einer einzelnen Folie hinaus die Visualisierung des Foliensatzes ganzheitlich geplant werden.

Abb. 76: Storyboard-Skizze für den Filmdreh

Die Idee des Storyboards kommt aus der Film- und Werbebranche. Vor dem Dreh werden die Abläufe schrittweise genau geplant, um bei der Umsetzung effektiv vorgehen zu können. Die mit dem Storyboard skizzierten Kameraeinstellungen geben einen detaillierten Überblick, wie die fertige Szene aussehen soll, und bilden so das visuelle Drehbuch, anhand dessen am Set gearbeitet wird.

Für die Präsentation wird die mit den Markern festgelegte Folien-Storyline mit den dazu ausgewählten Formen vorab auf einem Blatt in grober Schaubildform skizziert. Diese Herangehensweise, zunächst nur mit Papier und Stift zu arbeiten, lässt mehr kreative Freiheit zu und schränkt nicht durch die direkte Suche in alten Folien oder einer Formenbibliothek ein.

Auf diese Weise ist der Überblick über die gesamte Visualisierung und die Folienfolge möglich, die Darstellung kann optimal aufeinander angepasst werden. Erst im nächsten Schritt wird zeitsparend das Konzept als Präsentation in einem Programm erstellt, z. B. in PowerPoint.

Die tatsächliche Umsetzung in der Software ist bei einem gut ausgearbeiteten Storyboard einfach zu delegieren, da alle wesentlichen Merkmale und Hinweise zur Visualisierung enthalten sind. Zudem sind Rücksprachen mit Vorgesetzten und Kollegen über die geplante Gestaltung möglich, ohne bereits die Präsentation mit viel Aufwand erstellt zu haben.

Die F-Leserichtung für die Platzierung der Elemente auf der Folie nutzen

Bereits bei der Skizzierung im Storyboard werden die Elemente auf der Folie so angeordnet, wie sie später in der Präsentationssoftware übernommen werden sollen. Für eine optimale Platzierung für den Empfänger folgen Sie der F-Leserichtung. Untersuchungen haben ergeben, dass Menschen aus westlich geprägten Kulturen die Elemente einer Folie in einer dem F folgenden Leserichtung durchgehen. Die Augen wandern zuerst horizontal von links nach rechts oben, dann mit abnehmender Aufmerksamkeit von dort ausgehend nach unten. Dementsprechend sollten alle Elemente einer Folie der F-Leserichtung folgend ihrer Wichtigkeit nach angeordnet werden.

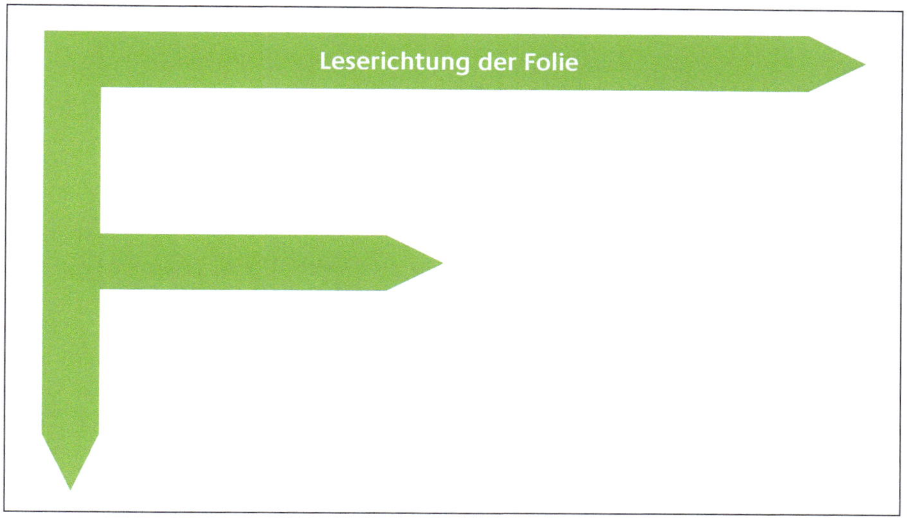

Abb. 77: Die F-Leserichtung gibt die Platzierung der Elemente vor (nach Hackenberg et al. 2011, S. 164)

9.1 Die Folien-Storyline in das Storyboard überführen

In der Vorbereitungsphase wird für das Storyboard jede Folie der zukünftigen Präsentation in einem Kasten oder auf einem Post-it dargestellt. Die entsprechende Botschaft wird zu Beginn in einem Rechteck oben eingetragen, dem späteren Action Title. Um Zeit zu sparen, können die markierten Botschaften der Folien-Storyline auch durchnummeriert und die Ziffern als Platzhalter bzw. Verweise in das Storyboard eingetragen werden.

Für jede mit einem Marker vorausgewählte Folie der Folien-Storyline (Kapitel 6.1) wird in diesem Schritt die Gestaltung bestimmt. Der markierte Punkt in der Struktur und die dazugehörige stützende logische Gruppe oder logische Kette geben den Inhalt der daraus entstehenden Folie vor. Die folgende Abbildung verdeutlicht dies:

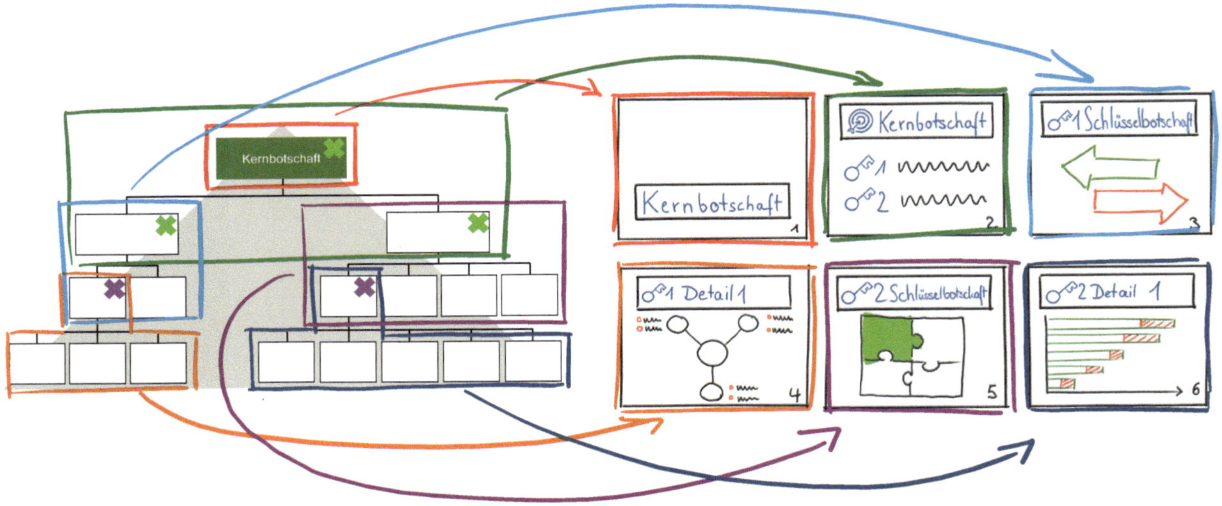

Abb. 78: Die mit Markern ausgewählten Folien ins Storyboard übertragen

Die grobe Visualisierung ist bereits anhand der für den Empfänger ausgewählten Funktion festgelegt (siehe Kapitel 7).

Gehen Sie für umfangreiche schriftliche Präsentationen genauso vor (Kapitel 6.2). Hier gilt jeder Punkt als markiert und wird im Storyboard skizziert.

9.2 Die visuelle Gestaltung der Einzelfolien planen und skizzieren

Im nächsten Schritt werden die finale visuelle Gestaltung und die Aufteilung der Elemente jeder geplanten Folie bestimmt und mit einer groben Zeichnung festgehalten. Alle Elemente, die für die Gestaltung im Präsentationsprogramm wichtig sind, sollten auf dieser Skizze unter Berücksichtigung der F-Leserichtung enthalten sein, z. B. Bezugspfeile oder Icons. Für Bilder, insbesondere Fotos, kann statt einer Grobdarstellung auch ein Kasten als Platzhalter mit Stichpunkten für die Bildrecherche eingesetzt werden.

Grundsätzlich ist es auch möglich und sinnvoll, das Storyboard schon parallel zur Auswahl der Formen entstehen zu lassen. Zur methodischen Klarheit sind die Schritte hier getrennt voneinander in verschiedenen Kapiteln beschrieben (siehe Kapitel 7).

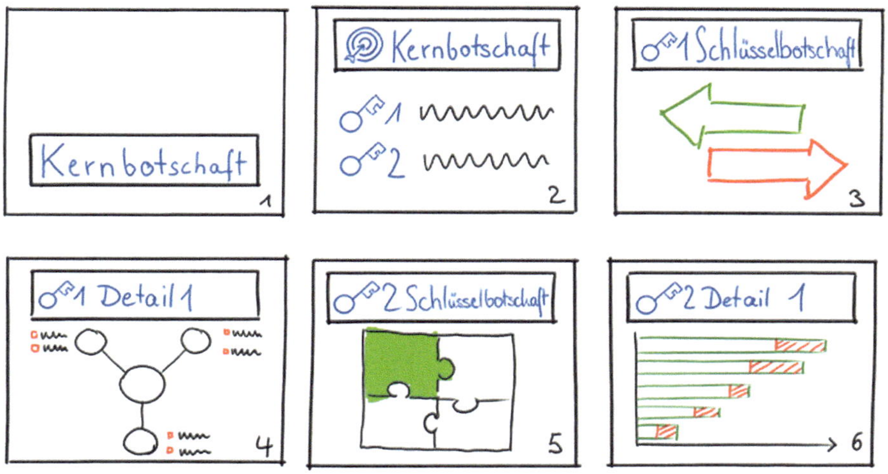

Abb. 79: Storyboard mit logischer Gruppe auf Ebene der Schlüsselbotschaften

Die Titelfolie mit der gekürzten Kernbotschaft versehen

In vielen Unternehmen gibt es als Standard eine Titelfolie, welche außer dem Präsentationsthema, dem Datum und den Autoren oder Vortragenden keine weiteren textlichen Informationen enthält. Für diese Folie wird statt eines generischen Titels die gekürzte Kernbotschaft eingesetzt. Achten Sie später bei der Erstellung der Folie in der Präsentationssoftware darauf, dass diese lesbar bleibt. Manche Fonts sind vom Corporate Design so groß angelegt, dass dort maximal zwei bis drei Schlagwörter Platz haben. Nutzen Sie in dem Fall die Subline darunter, um die gekürzte Kernbotschaft zu platzieren. Zusätzlich eignet sich die Titelfolie, um ein zur Kernbotschaft und dem Gesamtthema der Präsentation passendes Bild oder eine Grafik ganzflächig auf der Folie zu platzieren.

Orientierung mit Kernbotschaft und Schlüsselbotschaften geben

Analog zur Storyline wird als zentral leitende Folie die Kernbotschaft mit der zweiten Ebene der Schlüsselbotschaften zusammen abgebildet (siehe in der Storyboardskizze oben die Folie 2). Dafür wird die Kernbotschaft als Action Title im Titel platziert und ersetzt damit das an dieser Stelle sonst häufig genutzte Schlagwort »Agenda«. Wollen Sie nicht auf das Wort »Agenda« verzichten, können Sie es als Subtitle einfügen. Diese Folie ersetzt das klassische Inhaltsverzeichnis, das zumeist der Titelfolie folgt, und zeigt als zusammenfassendes Inhaltsverzeichnis den roten Faden der Präsentation.

Werden für diese zentral leitende Folie mit Kernbotschaft und Schlüsselbotschaften Bullet Points genutzt, ist es sinnvoll, dafür die im Corporate Design bekannte Vorlage für Agenda-Folien einzusetzen. Durch diese Vorgaben unterstreicht die Inhaltsfolie die Überblicksfunktion und gibt besonders den Empfängern, die häufiger mit dem Layout in Berührung kommen oder selbst damit arbeiten, eine zusätzliche Orientierung durch das Design.[30] Würde hier stattdessen die Vorlage einer Inhaltsfolie mit den üblichen Bullet-Point-Aufzählungszeichen für die Schlüsselbotschaften genutzt, erkennt der Empfänger die Agenda-Funktion und die zentrale Wichtigkeit der Punkte für die Präsentation möglicherweise nicht. In diesem Fall ist es sinnvoll, als Subtitle unter der Kernbotschaft das Wort »Agenda« aufzunehmen.

Bei einer logischen Kette auf der Ebene der Schlüsselbotschaften sollte die Nennung der Punkte im Inhaltsverzeichnis möglichst diplomatisch und unangreifbar erfolgen. Dies gilt vor allem, wenn die Kernbotschaft diplomatisch geschwächt wurde und die Schlussfolgerung direkt formuliert ist. Damit wird gewährleistet, dass der Empfänger nicht schon zu Beginn der Kommunikationssituation eine negative Einstellung zum vermittelten Inhalt entwickelt. Neben der Nutzung von Bullet Points ist auch eine grafische Umsetzung möglich, z. B. mit Strukturgrafiken.

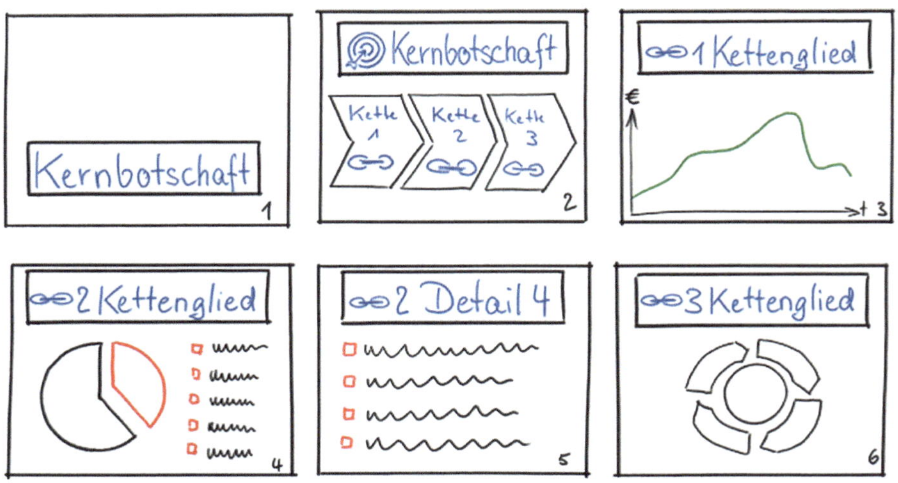

Abb. 80: Storyboard mit logischer Kette auf Ebene der Schlüsselbotschaften

Optional Einleitungs- und Abschlussfolie aufnehmen

Wenn der situative Einstieg bei der Folien-Storyline durch Marker berücksichtigt wurde, werden auch Situation, Komplikation und ggf. die zentrale Frage (siehe Kapitel 3 zur SKFK-Methode) als Einleitungsfolie in das Storyboard aufgenommen. Dabei ist zu entscheiden, ob je eine Folie für Situation, Komplikation und ggf. Frage geplant wird oder ob eine zusammenfassende Folie ausreicht. Bei einer einzelnen Situationsfolie gilt es, eine zusammenfassende, einleitende Botschaft für die Einleitung als Action Title zu formulieren. In dem Fall bietet es sich an, hier als zentrale Leitpunkte Situation, Komplikation und die Frage aus der SKFK-Methode zu nutzen. Gerade im Management entspricht dies oft den Denk- und Sehgewohnheiten der Empfänger. Die Antwort auf die Frage folgt dann direkt mit der Kernbotschaft im Titel der nächsten Folie.

Zusätzlich kann eine Abschlussfolie geplant werden, welche die zentralen Inhalte (Kernbotschaft und Schlüsselbotschaften) nochmal zusammenfasst. Je nach Kommunikationssituation kann diese zusätzlich im Anschluss zu diskutierende Punkte aufzeigen, einen Ausblick auf die Zukunft und die nächsten Schritte zeigen oder bei Entscheidungsvorlagen die bereits vorgestellten Punkte noch einmal final für die Entscheider auflisten.

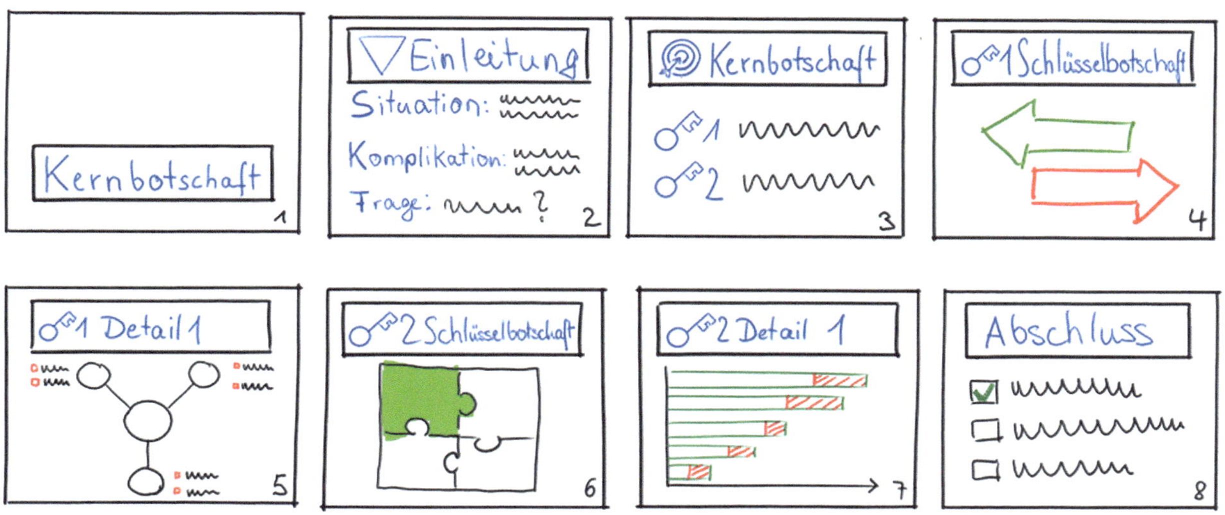

Abb. 81: Storyboard aus Abb. 79 um Einleitungs- und Abschlussfolie ergänzt

Bei verdichteten Inhalten genau planen

Bei einer mündlichen Präsentation sind besonders die Folien anspruchsvoll zu planen, die verdichtet die pyramidale Struktur mehrerer Ebenen wiedergeben. Ein Beispiel hierzu ist etwa eine Schlüsselbotschaft mit drei darunter liegenden Ebenen: Die Schlüsselbotschaft ist mit drei Unterpunkten gestützt, die wiederum jeweils mit einer logischen Zweier- oder Dreiergruppe untermauert sind. Die Ebenen unterhalb der Schlüsselbotschaft sind in der Storyline nicht mit einem Marker versehen, sollen jedoch im Foliensatz mit abgebildet werden. Ein Beispiel dafür ist die erste Schlüsselbotschaft im Storyboard des Anwendungsbeispiels Hyper Seal, siehe S. 190).

Eine Visualisierungsplanung bei verdichteten Inhalten könnte wie folgt aussehen (siehe linke Grafik unten):

- Funktion: Erklären von Zusammenhängen + Präzisieren
- Form: Strukturgrafik (Und-Gruppe, Radiale mit Kern), Text als Bullet Points

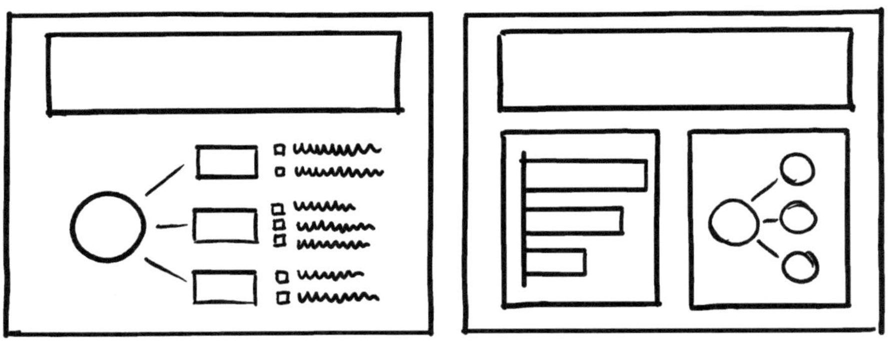

Abb. 82: Storyboardskizzen für verdichtete Inhalte

Wird eine logische Gruppe mit nur zwei untermauernden Elementen dargestellt, kann diese unter Umständen auf einer Folie abgebildet werden, indem etwa in PowerPoint eine zweispaltige Vorlage verwendet wird. Als Action Title steht dann der übergeordnete Punkt, in der jeweiligen Spaltenüberschrift die Botschaft der Untermauerung (siehe rechte Grafik oben).

One-Pager als maximal verdichtete Umsetzung der Struktur nutzen

Auch One-Pager-Folien können mit der pyramidalen Methode visualisiert werden. Oft äußern Führungskräfte, besonders auf den oberen Ebenen, den Wunsch, die Inhalte auf nur einer einzigen Folie zusammengestellt und präsentiert zu bekommen. Aufgrund der starken Verdichtung bei One-Pager-Folien sollte genau überlegt werden, welche Inhalte für die Gestaltung der Folien nötig sind, um die Kernaussage mit knappen und präzisen Informationen untermauert darzustellen. In diesem Fall bestimmen die Marker der Storyline, dass jeder ausgewählte Punkt sich auf dem One-Pager visualisiert wiederfindet. Legen Sie auch hier mit dem Storyboard eine Skizze für die Folie an, welche die Inhalte extrem verdichtet wiedergibt. Achten Sie darauf, dass die Botschaft die Funktion der Elemente und damit die Wahl der Visualisierungs-Form bestimmt.

Vorlagen und Bibliotheken des Unternehmens in die Planung einbeziehen

Um unnötigen Aufwand bei der Erstellung von Grafiken oder bei der Textgestaltung zu vermeiden, sollten Sie die Vorlagen und Bibliotheken Ihres Unternehmens kennen. Das erleichtert die Visualisierungsplanung, da bekannte Elemente bereits bei der Erstellung des Storyboards genutzt werden können und so der Such- bzw. Ideenfindungsprozess abgekürzt wird. In vielen Unternehmen gibt es Vorlagen, die direkt im Präsentationsprogramm als Grafikelement ausgewählt werden können, oder es existiert eine Sammlung von bereits erstellten Strukturgrafiken. Bei der Nutzung von PowerPoint können Smart Arts nützlich sein.

Übung O

Skizzieren Sie für die Folien-Storyline zu Ihrem Thema die in den vorangegangenen Arbeitsschritten ausgewählten Visualisierungen mittels des Storyboards. Nehmen Sie dazu Zettel und Stift und zeichnen Sie die Grafiken grob. Legen Sie zudem die Aufteilung der einzelnen Elemente auf der Folie fest.

Ziel der Übung ist es, mit dem Storyboard einen grafischen Gesamtüberblick vor der finalen Umsetzung per Software zu schaffen. So können Sie bereits vor der Umsetzung feststellen, ob das Thema grafisch ansprechend und abwechslungsreich für die Empfänger gestaltet ist.

Zudem dient das Storyboard als Anleitung für die finale Erstellung der Folien in der Präsentationssoftware, bei der der Fokus nur noch auf der Ausarbeitung und nicht der Herleitung der Visualisierungsmöglichkeiten liegt.

Hinweise:

- Nutzen Sie die erarbeiteten Ergebnisse aus den bisherigen Übungen.
- Berücksichtigen Sie die F-Leserichtung bei der Anordnung der Elemente auf dem Folienkörper.
- Es geht beim Storyboard nicht um Schönheit oder Exaktheit der Zeichnungen. Diese dienen ausschließlich als visueller Rohbau für die Gestaltung in der Präsentationssoftware im nächsten Schritt.

Nehmen Sie sich ca. zehn Minuten Zeit.

Anwendungsbeispiel »Hyper Seal« zur Veranschaulichung des Storyboards

Storyboard für die pyramidale Struktur mit logischer Gruppe

Jonas Bäcker plant, die Umsetzung der Folien in der Präsentationssoftware von einer Kollegin aus seinem Team übernehmen zu lassen, welche sich exzellent auf die grafische Gestaltung versteht. Daher plant er das Storyboard noch exakter und von den grafischen Ideen her detaillierter, als er es für sich selbst als Bauplanskizze für die Folien anlegen würde. Er legt sich zunächst Zettel und Papier bereit. Dann skizziert er für jede in Methodenschritt 6 ausgewählte Slide der Folien-Storyline eine Folie. In diesem Fall sind es die vier mit einem Marker versehenen Folien (2-5). Zusätzlich entscheidet er sich noch für eine Titelfolie und eine Abschlussfolie. Die zu diesen ausgewählten Folien gehörigen Botschaften platziert er als Action Title in den Titel jeder Folie, die Kernbotschaft platziert er sowohl auf dem Titel als auch auf der Kernbotschaftsfolie (hier Folie 2). In Methodenschritt 7 hat er bereits die Gestaltungsformen festgelegt, welche er nun als grobe Zeichnungen im Storyboard auf den jeweiligen Flächen für den Folienkörper anordnet. In Methodenschritt 8 hat Jonas Bäcker sich gegen Orientierungsfolien entschieden. Stattdessen nutzt er Navigatoren mit Icons um durch die Struktur zu leiten. Im Storyboard skizziert er die Icons vor den Schlüsselbotschaften auf dem Folienkörper von Kernbotschaftsfolie 2. Diese Grafiken werden dann als Navigatoren-Icons auf den Folien 3 und 4 vor den Schlüsselbotschaften im Action Title platziert.

Er prüft im letzten Schritt mit einem Blick aus der Vogelperspektive auf sein fertiges Storyboard, ob die Folienfolge schlüssig ist, die geplanten Visualisierungen abwechslungsreich ausfallen und den geplanten Inhalt bestmöglich transportieren.

Damit steht der Bauplan für die finalen Folien, die nun von seiner Kollegin in der Präsentationssoftware umgesetzt werden kann.

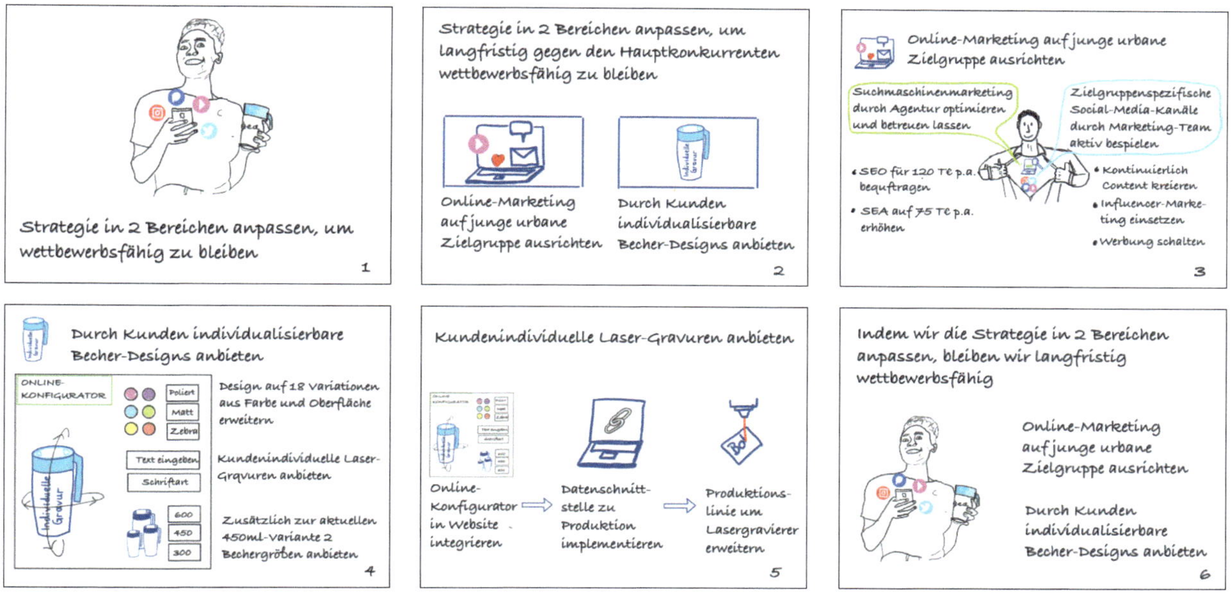

Abb. 83: Storyboard »Hyper Seal« – logische Gruppe

Storyboard für die pyramidale Struktur mit logischer Kette

Nachdem Produktionsleiter Heribert Schmidt nun doch anwesend sein wird und die Struktur für ihn um eine logische Kette nach der zweiten Schlüsselbotschaft ergänzt wurde, passt Jonas Bäcker auch sein Storyboard entsprechend an. Zuerst ändert er die Folie zur zweiten Schlüsselbotschaft (Folie 4), indem er auf dem Folienkörper einen Überblick über die Argumente und die Schlussfolgerung der logischen Kette gibt. Daraufhin folgen die beiden Folien für die einführende und die kommentierende Aussage der logischen Kette (Folie 5 und 6). Die Folie der Schlussfolgerung als letztes Glied der logischen Kette (Folie 7) entspricht 1 zu 1 der zweiten Schlüsselbotschaft aus dem Storyboard der logischen Gruppe, nur mit einer anderen Seitenzahl. Dies gilt ebenso für die folgende Detailfolie (Folie 8). Auch auf der Abschlussfolie ändert sich dementsprechend nur die Seitenzahl (Folie 9).

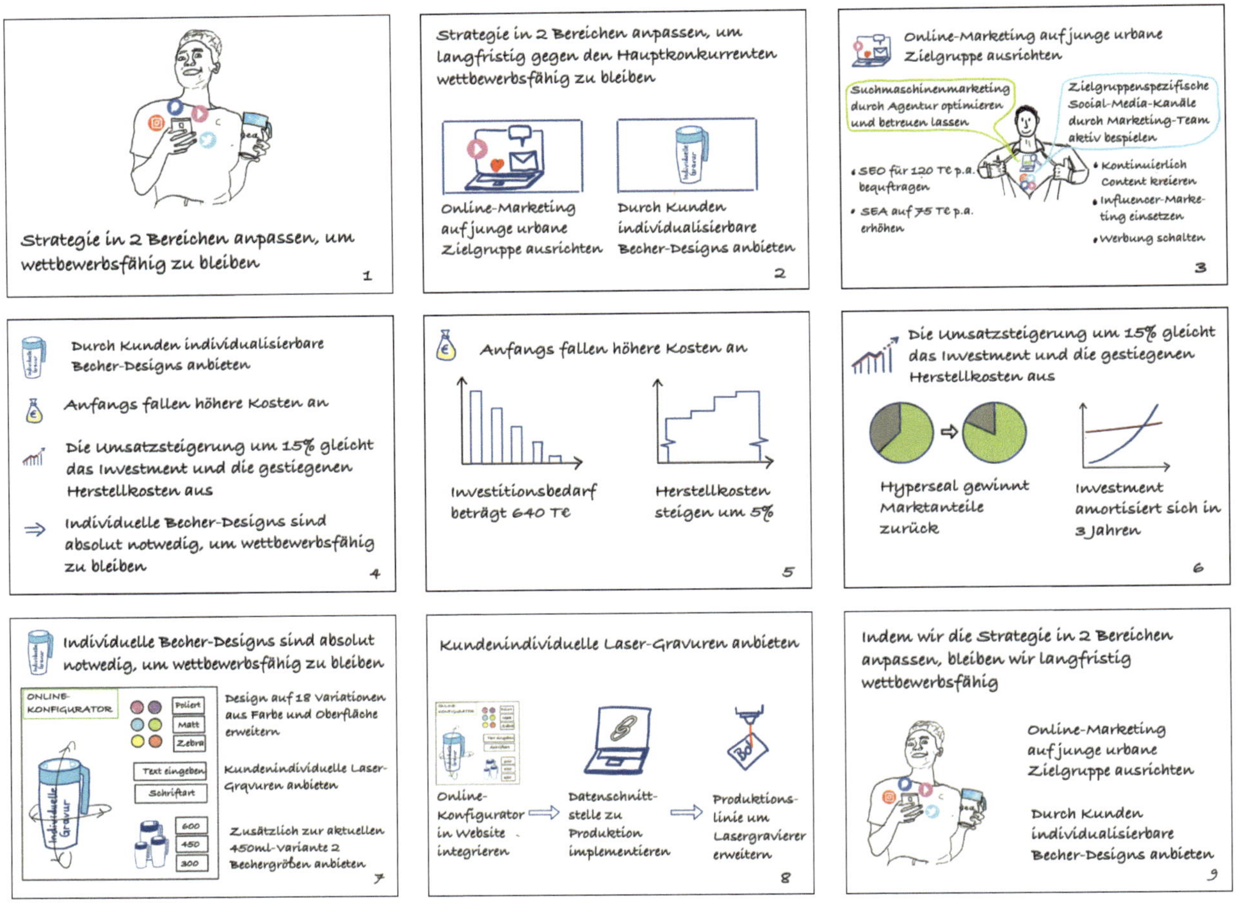

Abb. 84: Storyboard »Hyper Seal« – logische Kette

10. Das Storyboard mit 4 Designprinzipien in der Präsentationssoftware umsetzen

Bei der Überführung der mit der Storyboard-Methode geplanten Folien in ein Präsentationsprogramm, z. B. PowerPoint, gilt es einige Prinzipien zu beachten. Damit erleichtern Sie dem Empfänger die Rezeption der Inhalte. Die Ausführungen hierzu lehnen sich an Robin Williams Designprinzipien an, der sich jedoch in seinem Buch vor allem auf Textdokumente konzentriert.[31] In diesem Kapitel finden Sie die vier Designprinzipien für die Foliengestaltung umgesetzt und nutzbar gemacht.

10.1 Mit dem Prinzip der Nähe zusammengehörige Elemente anordnen

Zusammengehörige Elemente innerhalb einer logischen Gruppe oder logischen Kette werden auf einer Folie in relativer Nähe zueinander angeordnet. Nah beieinander positionierte Objekte werden in Bezug zueinander gebracht.

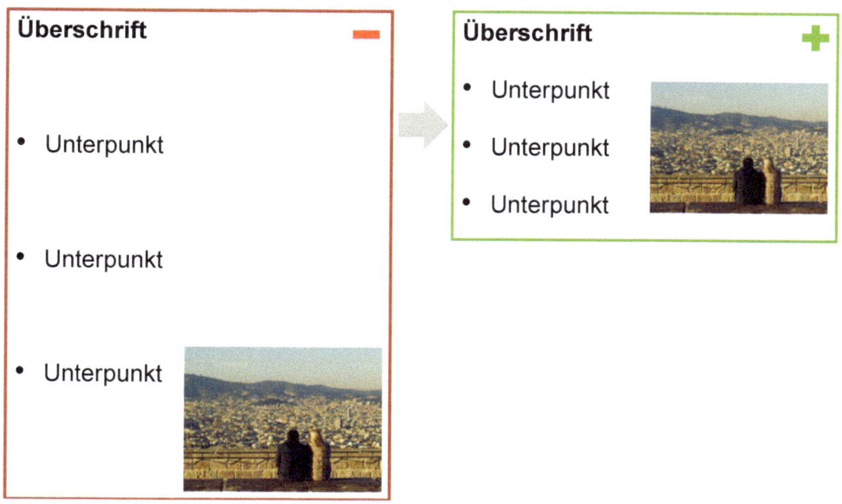

Abb. 85: Beispiel zur Veranschaulichung des Prinzips der Nähe

Die Abstände zwischen den einzelnen Elementen innerhalb einer Anordnung sollten kleiner sein als die Elemente selbst. Nicht zusammengehörige Textgruppen oder grafische Elemente werden durch größere Abstände voneinander abgegrenzt und sollten sich auf keinen Fall überschneiden.

10.2 Mit dem Prinzip der Ausrichtung Elemente aneinander orientiert positionieren

Alle auf einer Folie dargestellten Elemente sollten aneinander ausgerichtet sein. Dabei helfen vertikale und horizontale Führungslinien, die die Anordnung erleichtern. In Microsoft PowerPoint können statische und dynamische Führungslinien genutzt werden. Diese sind seit der Version 2010 integriert.

Statische Führungslinien unterteilen die Folie in die je nach Vorlage gewählten Gestaltungsflächen, z. B. Titel- und Inhaltsbereich. Zudem grenzen statische Führungslinien den Randbereich der Folie ab, der in der Regel nicht gestaltet wird. Auch Mittellinien, die die Folie vertikal und horizontal teilen, erleichtern die Ausrichtung von Inhalten. Diese Linien sind im Folienmaster hinterlegt und können bei Bedarf angepasst werden.

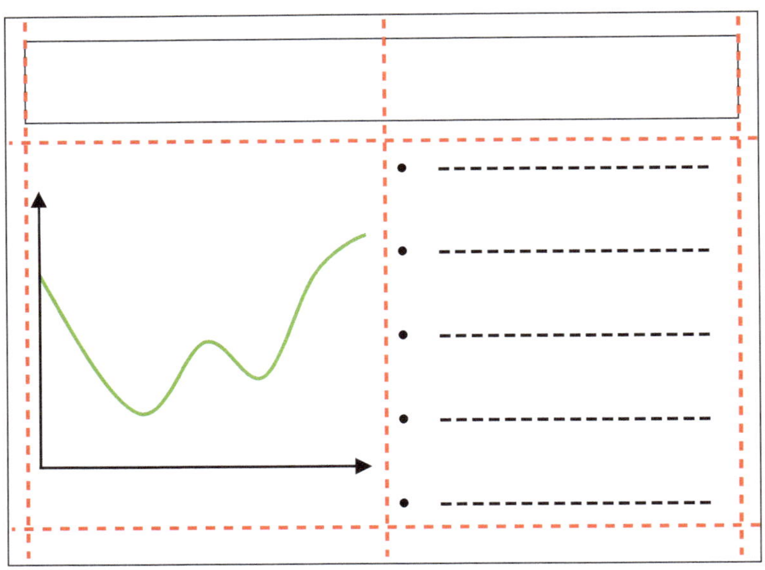

Abb. 86: Beispiel zur Verdeutlichung der statischen Führungslinien

Dynamische Führungslinien ergeben sich nach der Platzierung des ersten Elements im Folienkörper und ermöglichen die Ausrichtung weiterer Elemente mit Bezug zum ersten. Die Führungslinien erscheinen an den Grenzen oder dem Zentrum des Objekts.

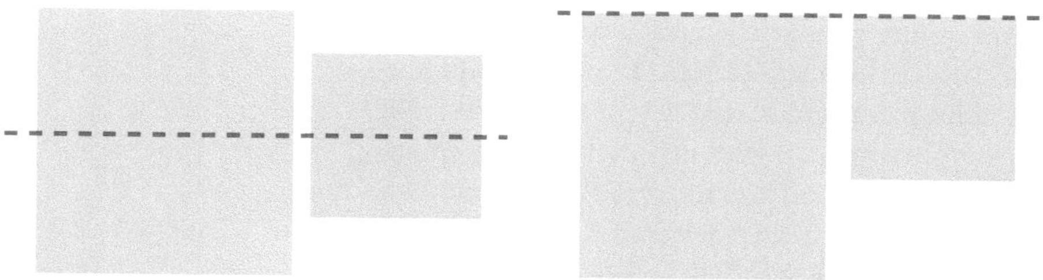

Abb. 87: Beispiel zur Verdeutlichung der dynamischen Führungslinien

Verbindungslinien und Pfeile zwischen den einzelnen Elementen oder Gruppen werden an der dynamisch angezeigten Mittellinie des einen Objekts ausgerichtet und zeigen auf den Mittelpunkt des anderen Objekts.

Neben der Ausrichtung an Führungslinien sollte weiterhin beachtet werden, dass sowohl grafische Elemente als auch Textelemente in möglichst symmetrischen Strukturen anzuordnen sind. Bei Unregelmäßigkeiten kann unterstützend eine visuelle Vereinheitlichung genutzt werden, z. B. unterschiedlich lange Stichpunkte mit gleich großen rechteckigen Rahmen umschließen.

Zudem ist bei der Anordnung von Grafiken, Bildern und Textelementen die Lese- oder Betrachtungsgewohnheit zu berücksichtigen, z. B. von links nach rechts, von oben nach unten (siehe F-Leserichtung) oder im Uhrzeigersinn.

10.3 Mit dem Prinzip des Kontrasts den Fokus auf das Wesentliche lenken[32]

Mit einem klaren Kontrast wird der Fokus des Empfängers auf das zentrale Element der Folie gelenkt. Dieses ist farblich oder bezüglich seiner Form von den anderen Objekten abgehoben. Auch für die deutliche Abgrenzung unterschiedlicher Elemente und deren Zuordnung sollten klare visuelle Kontraste genutzt werden.

Für eine gute Lesbarkeit ist ein möglichst starker Kontrast zwischen Hintergrund und Schriftfarbe zu wählen. Muster und Bilder im Hintergrund oder Farbverläufe sind zu vermeiden, da diese vom Inhalt ablenken und unruhig wirken.

Auch Textelemente sollten durch die gezielte Nutzung der Schriftgröße kontrastieren. Je nach Schriftart sollte eine Schriftgröße zwischen 16 und 24 gewählt werden. Zwischen der Aussage im Folientitel und den Inhalten im Folienkörper ist eine Differenz von mindestens vier Punkten sinnvoll, z. B. 24 im Folientitel, 20 für Überschriften, 16 oder größer für Textelemente. Zusätzlich können einzelne Passagen oder Wörter im Folienkörper hervorgehoben werden, indem die Schrift fett gesetzt wird. Für sekundäre Elemente wie Quellenangaben wird eine kleinere Schriftgröße genutzt.

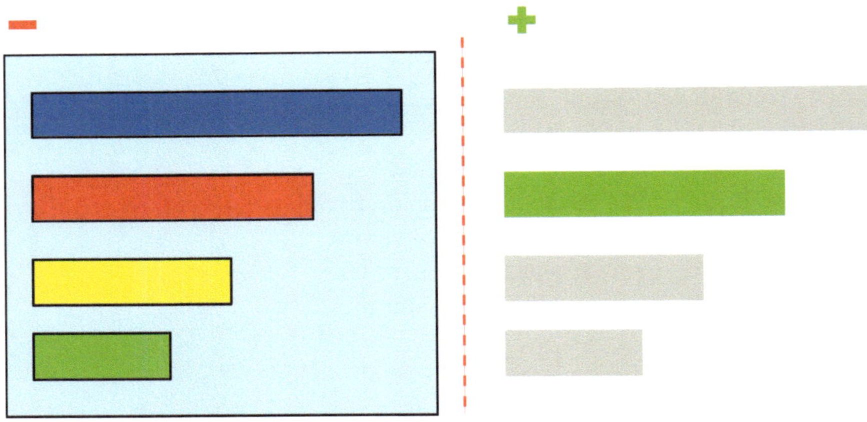

Abb. 88: Beispiel für die farbliche Hervorhebung des entscheidenden Elements

Vorsicht: Sonderformen wie 3-D-Effekte, Schatten, Asymmetrisches oder komplexe Formen lenken oft mehr ab, als dass ihre Funktion die Aussage unterstützt. Dies gilt für Grafiken und Bilder ebenso wie für Schriftarten, z. B. Serifenschrift.[33]

10.4 Mit dem Prinzip der Wiederholung Konsistenz schaffen[34]

Durch die wiederkehrende und konsistente Verwendung von Gestaltungselementen kann der Empfänger Inhalte eindeutig einordnen und sich schnell einen Überblick verschaffen. Die gleichen Merkmale stehen jeweils für die gleiche Funktion oder Aussage, z. B. eine einheitliche Farbverwendung für gleiche Kategorien.

Innerhalb einer Präsentation ist stets dieselbe serifenlose Schriftart zu verwenden.[35] Diese kann zwar in Farbe und Größe variieren (siehe Prinzip des Kontrasts), sollte sich jedoch nicht grundsätzlich verändern. Hervorhebungen, z. B. farbliche Markierungen, sind sparsam, gezielt und stets auf die gleiche Weise einzusetzen.

Nutzen Sie den Wiedererkennungswert eines Corporate Designs.[36] Viele Unternehmen haben Folienmaster, die auf die branchenspezifischen Erfordernisse sowie die Corporate Identity abgestimmt sind. Diese Format- und Designvorlagen erleichtern die Gestaltung der Präsentation und geben den Rahmen für die Auswahl von Schrift, Farben, Icons und Bildmaterial vor. Auch der Einsatz eines visuellen Leitmotivs greift das Prinzip der Wiederholung auf (siehe Kapitel 7.3).

Bei den drei folgenden Beispielfolien im Corporate Design wurden Farbgebung, Schrift und die Wahl der Motive nach dem Prinzip der Wiederholung berücksichtigt.

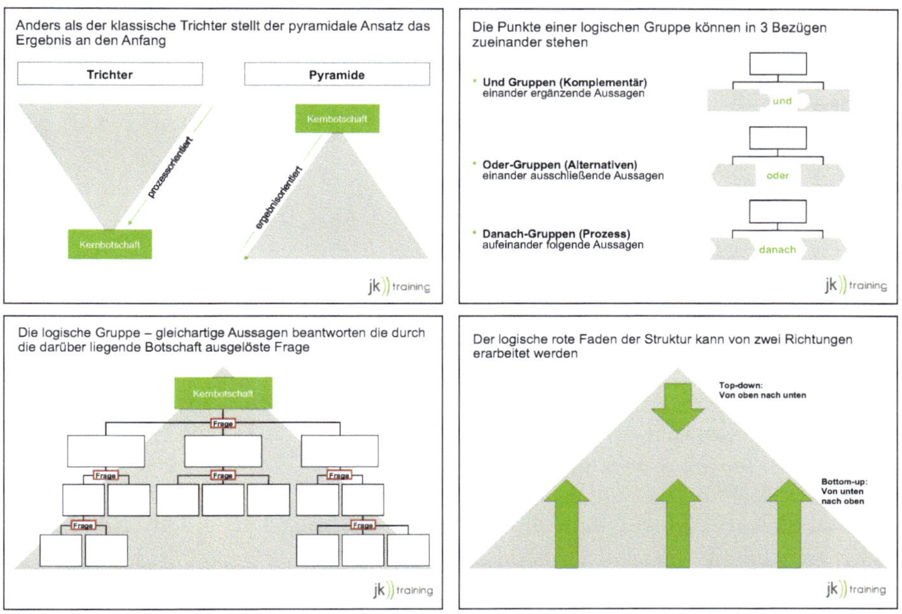

Abb. 89: Beispiel für sich wiederholende Merkmale innerhalb eines Foliensatzes

Im Zweifel schlägt das Bedürfnis der Empfänger die Designregeln

Daher sind diese als Orientierung und Hilfe zu verstehen, nicht als unveränderliche Doktrin. Wenn die Empfänger z. B. unter einem Diagramm die dazugehörige Excel-Tabelle für die anschließende Diskussion wünschen, wird diese natürlich mit aufgenommen.

Animationen spärlich und gezielt einsetzen

Animationen sind sparsam und gezielt einzusetzen, damit sie einen positiven Effekt haben und die Empfänger bei der Aufnahme der Informationen unterstützen. Unreflektiert angewendete Animationen können die Empfänger irritieren und ablenken.
Sinnvoll lassen sich Animationen für mündliche Präsentationen nutzen, um eine logische Gruppe oder logische Kette der Reihe nach zu erläutern und den Fokus der Empfänger auf dem jeweiligen Element zu halten. Auch die Detailtiefe auf einer Folie, auf der mehrere pyramidale Ebenen abgebildet sind, kann mit Animationen schrittweise ergänzt werden. Es werden jeweils maximal fünf Animationen pro Folie eingesetzt. Für den Folienwechsel werden keine Animationen genutzt.

Eine eigene Visualisierungsbibliothek mit dem Best-of anlegen

Im Berufsalltag ist man mit branchenspezifisch ähnlichen Themen betraut und trifft zudem wiederkehrend auf dieselbe oder eine ähnliche Zielgruppe. Daher lohnt es sich, eine Bibliothek von Diagrammen und Strukturgrafiken anzulegen, die abgewandelt oder verändert eingesetzt werden können. Das trifft ebenso auf Icons und Bilder zu, die Sie in einer gut geordneten Bibliothek sammeln und bei Bedarf abrufen können.
Durch den wiederholten Einsatz von grafischem Material sparen Sie Zeit bei der Bildersuche bzw. bei der visuellen Ausarbeitung des Foliensatzes.

Übung P

Im letzten Schritt erstellen Sie für Ihr Thema den Foliensatz auf der Grundlage des Storyboards in der Präsentationssoftware. Beachten Sie bei der Erstellung die vier Designprinzipien, um die Gestaltung für die Empfänger ansprechend umzusetzen. Ziel ist es, den gesamten Foliensatz als professionell gestaltete Business Präsentation zu realisieren, die von Grund auf nach der pyramidalen Methode ergebnis- und empfängerorientiert geplant wurde.

Hinweise:

- Halten Sie das Design der Folien schlank – weniger ist mehr.
- Denken Sie daran, dass bei mündlichen Präsentationen nicht alle Inhalte auf der Folie abgebildet sein müssen, da Sie die Ausführungen auf den Folien mündlich noch ergänzen können.
- Aktivieren Sie bei der Nutzung von Microsoft PowerPoint ab der Version 2010 die statischen und dynamischen Führungslinien, um das Designprinzip »Ausrichtung« effizient umzusetzen.
- Setzen Sie Animationen spärlich und nur dann ein, wenn sie für die Empfänger einen Mehrwert bieten.
- Legen Sie für die von Ihnen eigens erstellten Diagramme und Strukturgrafiken ein Sammeldokument als Formenbibliothek an. So können Sie für zukünftige Präsentationen darauf zurückgreifen. Auch wenn Sie Änderungen an den Vorlagen vornehmen müssen, sparen Sie Zeit, weil die Darstellung nicht ganz neu auszuarbeiten ist.

Anwendungsbeispiel »Hyper Seal« zur Veranschaulichung der 4 Designprinzipien

Das fertige Storyboard übergibt Projektleiter Jonas Bäcker nun an seine Kollegin, welches sie als Bauplan für die Gestaltung der Folien in der Präsentationssoftware nutzt. Sie achtet bei der Gestaltung auf die 4 Designprinzipien Nähe, Ausrichtung, Kontrast und Wiederholung, um auch bei der optischen Umsetzung bestmöglich zu überzeugen.

Aus Platzgründen wird hier auf das Abbilden der fertigen Folien verzichtet.

Ihr Quick-Check: Die 10 Methodenschritte von der Idee zu Visualisierung auf einen Blick

1) Eigene Ziele festlegen und die eigene Perspektive gedanklich fixieren

2) Sich in die Perspektive und Bedürfnisse der Empfänger eindenken

3) Mit der Analyse von Situation, Komplikation und zentraler Frage des Empfängers die Kernbotschaft erarbeiten (SKFK-Methode)

4) Die Kernbotschaft mit logischen Gruppen und logischen Ketten untermauern

5) Mit der pyramidalen Struktur Storyline und Inhaltsverzeichnis erstellen

6) Aus der Botschaften-Storyline die Folien-Storyline festlegen

7) Mit der Funktion der Botschaft die Gestaltungsform bestimmen

8) Mit Orientierungsfolien und Navigatoren die Empfänger durch die pyramidale Struktur leiten

9) Das visuelle Drehbuch der Folien mit dem Storyboard skizzieren

10) Das Storyboard mit vier Designprinzipien in der Präsentationssoftware umsetzen

Herzlichen Glückwunsch!

Wenn Sie nicht zufälligerweise das Buch an genau dieser Stelle aufgeschlagen haben, dann haben Sie Sich das pyramidale Konzept schrittweise erarbeitet. Damit haben Sie eine Methode gelernt, deren Grundprinzip in vielen verschiedenen Kommunikationssituationen zu besseren Ergebnissen führt. Treten Sie den Trichter genussvoll in die Tonne, wenn strukturierte und effiziente Kommunikation gefragt ist.

Doch wie gelingt der bestmögliche Transfer in die Praxis? Wenn Sie beim Schreiben jeder E-Mail kurz an die Grundpfeiler der Pyramide – die Ergebnis- und Empfängerorientierung - denken, verinnerlichen Sie ganz automatisch das Prinzip. Danach wird es Ihnen leichtfallen, auch in persönlichen Gesprächen, Telefonaten oder Meetings Ihre Ideen, Impulse oder Argumente mit Kernbotschaft und Schlüsselaussagen auf den Punkt zu bringen.

Und wenn das Erstellen von Präsentationsfolien ansteht, dann haben Sie das Handwerkszeug um mit einer klaren Struktur eine überzeugende Storyline zu gestalten und diese in kürzester Zeit in Slides umzusetzen. Reduziert aufs Wesentliche, klar und ansprechend gestaltet, die Erwartungen Ihrer Zielgruppe treffend und Ihre eigenen Ziele vermittelnd.

Denken Sie an Ihre Empfänger. Sie werden es Ihnen danken.

Viel Erfolg beim pyramidal Kommunizieren,
Ihr Johannes Kochs
info@johanneskochs.de

P.S:
Sollten Sie, Ihr Team oder Ihr Unternehmen Unterstützung bei der Umsetzung der Inhalte in die Praxis benötigen, freuen sich mein Team und ich auf Ihre Nachricht.

Beispiellösungen

Übung B (Botschaften formulieren) aus dem Kapitel »Mit klaren Botschaften kommunizieren«

Überschriften	Botschaften
Ausgaben 2. Quartal	Die Ausgaben sind im 2. Quartal um 12 Prozent gesunken.
Zeitplan Markteinführung	Die Markteinführung wird um zwei Monate, auf den 24.09., verschoben.
Projektziel	Die Projektziele wurden wie geplant erreicht.
Neue Softwareversion	Bitte lassen Sie Ihre Rechner am 16.07. eingeschaltet, damit das Softwareupdate zu Cryo XT erfolgen kann.
Produktivitätssteigerung letzter Monat	Die Produktivität konnte im Dezember um 7 Prozent gesteigert werden.

Übung F (Die logische Gruppe Ultrakauf anordnen) aus Kapitel 4.1

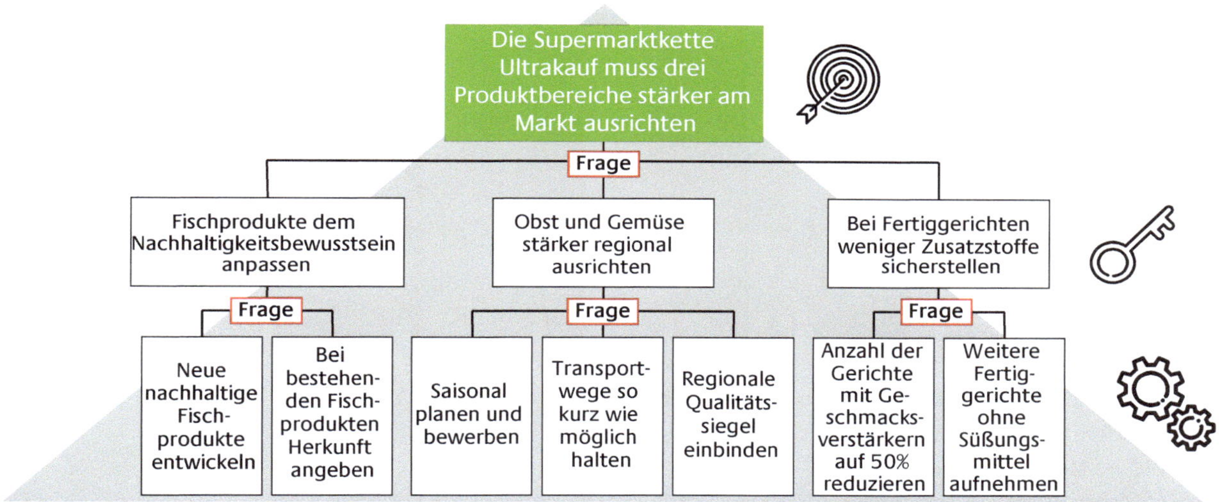

Die Schlüsselbotschaften werden über die Kernbotschaft vorgegeben, da in dieser bereits von drei Produktbereichen die Rede ist, welche aber noch nicht genannt sind. Die Empfänger stellen sich als Frage: »Welche drei Produktbereiche sind das?«

Bei den Fischprodukten mag es so scheinen, als sei »Neue nachhaltige Fischprodukte entwickeln« eigentlich die Schlüsselbotschaft. Allerdings ist »Fischprodukte dem Nachhaltigkeitsbewusstsein anpassen« der übergeordnete Punkt, unter dem erst dann die beiden Maßnahmen auf die Frage »Wie genau soll das passieren?« genannt werden. Ähnlich sieht es bei den Fertiggerichten aus, wo auf den ersten Blick der Punkt »Anzahl der Gerichte mit Geschmacksverstärkern auf 50 Prozent reduzieren« wie die Schlüsselbotschaft wirken könnte. Da sowohl Süßungsmittel als auch Geschmacksverstärker Zusatzstoffe darstellen, folgen beide Punkte als Maßnahmen der Schlüsselbotschaft »Bei Fertiggerichten weniger Zusatzstoffe sicherstellen«.

Übung G, GÜTE-Siegel, Vertiefung Kapitel 4

Gleichartig: Welche Aussage ist inhaltlich oder formal nicht gleichartig? Warum? Wie kann die Aussage richtig formuliert werden?

G1: Der Spielwarenverkäufer ToyToys sollte sein Produktportfolio anpassen.

- Ökologisches Holzspielzeug aufnehmen
- Stofftiere ausbauen
- Scherzartikel laufen schlecht → Scherzartikel rausnehmen (Handlungsanweisung statt Bewertung)
- Modellbau reduzieren

G2: Wir müssen unsere Wertanlagen besser diversifizieren.

- Aufstocken von Staatsanleihen → Staatsanleihen aufstocken (Verb statt Substantivierung)
- Gold kaufen
- Aktien müssen abgestoßen werden → Aktien reduzieren (Aktivkonstruktion statt Passiv)
- Anlagen in Immobilien ausbauen

G3: Das Innovationsprojekt bringt klare Vorteile.

- Das Projekt unterstützt die Ziele der Konzernstrategie.
- Die Modernisierung des Fuhrparks ist dringend erforderlich.
  → Stellt keinen Vorteil dar, sondern einen Bedarf. Rausnehmen oder als Vorteil umformulieren, wenn der Punkt mit dem Innovationsprojekt in einer klaren Verbindung steht und sich ein Vorteil daraus ergibt, z. B. »Das Projekt (die Modernisierung des Fuhrparks) stärkt die Mitarbeiterbindung«.
- Das Projekt erhöht die Wettbewerbsfähigkeit.
- Das Projekt steigert das Image des Konzerns.

Mit parallelen Satzgefügen die Gleichartigkeit überprüfen

Das Kriterium der Gleichartigkeit kann überprüft werden, indem die Botschaft durch parallele Satzgefüge mit den jeweiligen Unterpunkten in Verbindung gebracht wird. Die untermauernde Botschaft wird dabei mittels eines Attributs an die übergeordnete Botschaft angehängt.

Am Beispiel G2:
- Wir müssen unsere Wertanlagen besser diversifizieren, indem wir Staatsanleihen aufstocken.
- Wir müssen unsere Wertanlagen besser diversifizieren, indem wir Gold kaufen.
- Wir müssen unsere Wertanlagen besser diversifizieren, indem wir Aktien abstoßen.
- Wir müssen unsere Wertanlagen besser diversifizieren, indem wir Anlagen in Immobilen ausbauen.

Die Beispiele zeigen, dass die Gleichartigkeit gewährleistet ist, wenn die sprachliche Erweiterung der Botschaft für jeden weiteren Punkt mit demselben Attribut erfolgt. Das ergibt die Parallelität der Formulierungen.

Überschneidungsfrei: Welche dieser Aussagen ist nicht überschneidungsfrei? Warum? Wie kann die Überschneidungsfreiheit erreich werden?

Ü1: Wir gehen gewinnbringende Kooperationen ein.
- Mit Universitäten → Prüfen und gegebenenfalls rausnehmen, da kontextabhängig. Nur wenn Universitäten Marktteilnehmer sind, sind sie entweder den Wettbewerbern oder Unternehmen anderer Branchen zuzuordnen.
- Mit Wettbewerben
- Mit Unternehmen anderer Branchen
- Mit Marktteilnehmern → Rausnehmen. Sowohl Wettbewerber als auch Unternehmen anderer Branchen sind Marktteilnehmer.

Ü2: Wir sprechen unsere Zielgruppe über spezifische Kanäle an.
- Social Media → Als Teilbereich der logischen Gruppe unter Internet zuzuordnen
- TV
- Internet
- Radio
- Suchmaschinenmarketing → Als Teilbereich der logischen Gruppe unter Internet zuzuordnen

Ü3: Wir kooperieren mit lokalen Vertriebspartnern.
- In Deutschland
- In Frankreich
- In Österreich
- In Bayern → Rausnehmen, da es als Bundesland ein Teil von Deutschland ist

Treffend: Welche Aussagen sind nicht treffend formuliert? Warum? Wie kann die Aussage treffend formuliert werden?

T1: Die Umstrukturierung der Abteilung führt zu hervorragenden Ergebnissen. → Die Umstrukturierung der Abteilung führt zu positiven Ergebnissen (überdenken, ob »hervorragend« nicht falsche Erwartungen weckt, und gegebenenfalls durch »positive« ersetzen).
- Senkung der Ausgaben um 7 Prozent
- Maßgeblicher Anstieg der Verkäufe → Anstieg der Verkäufe um x Prozent (quantifizieren)
- Verkürzung der Lieferzeit um 5 Prozent
- Deutliche Erhöhung des Gewinns → Erhöhung des Gewinns um 3 Prozent (quantifizieren)

T2: Das Segment »Garten und Balkon« muss erweitert werden.
- Tragbare Gasgrills ins Grillgerätesortiment aufnehmen
- Neue Stühle ins Gartenmöbelsortiment aufnehmen → Aufblasbare Stühle ins Gartenmöbelsortiment aufnehmen (konkretisieren)
- Solarbetriebene Laubsauger ins Gartengerätesortiment aufnehmen

Erschöpfend: Warum sind diese Gruppen nicht erschöpfend? Welche Aussagen fehlen?

E1: Der Großteil der Ware wird über Land transportiert.
- 60 Prozent Landverkehr
- 20 Prozent Luftverkehr
- 20 Prozent Wasserverkehr (ergänzen, da 100 Prozent erforderlich)

E2: Unser Unternehmen ist weltweit am Markt vertreten.
- Nordamerika
- Südamerika

- Europa
- Asien
- Afrika (ergänzen, Sortierung nach Kontinenten unter Ausschluss der Antarktis, die wirtschaftlich kaum erschlossen ist)
- Australien (siehe oben)

Freies Beispiel – Original (alle vier GÜTE-Kriterien)

Marktlage für Smartphones weltweit:
- Enormes Wachstum in Asien
- Interesse an innovativen Produkten in den USA nach wie vor hoch
- Europa gesättigt, Umsatz geht seit 2008 zurück
- Konstanter Boom im südamerikanischen Markt
- In Russland wurden vergangenes Jahr durch die erstarkende Mittelschicht 17 Prozent mehr Smartphones abgesetzt
- Afrika: großes Potenzial, vor allem in Metropolen
- Brasilien zeigt weiterhin sehr gute Absatzzahlen

Freies Beispiel mit fiktiven Annahmen (alle vier GÜTE-Kriterien)

Variante A: Versuch, alle Aspekte aus dem freien Beispiel einzubringen
Die Nachfrage für Smartphones entwickelt sich aus unterschiedlichen Gründen überwiegend positiv.
- Enormer Anstieg der Nachfrage in Asien um 30 Prozent durch Trend zum Zweit-Smartphone und erstarkende Mittelschicht
  (quantifizieren – treffend)
- Leicht erhöhte Nachfrage in den USA um 5 Prozent, vor allem aufgrund von innovativen Produkten
  (Aussage auf inhaltliche Relevanz für das Thema anpassen; innovative Produkte bei Bedarf in Untergruppe aufnehmen – gleichartig)
- Verringerte Nachfrage in Europa um -9 Prozent aufgrund der Wirtschaftskrise (treffend)
- Weiterhin erhöhte Nachfrage im südamerikanischen Markt um 15 Prozent aufgrund der Subventionen im Bereich Telekommunikation
  (Quantifizierung ergänzen – treffend)
- Wachstum in Afrika um 7 Prozent, vor allem in den Städten
  (quantifizierte Aussage zum Markt für Smartphones treffen statt inhaltlicher Bewertung – gleichartig / treffend)

- Geringfügige Steigerung in Australien um 0,4 Prozent wegen der Marktsättigung (ergänzen – erschöpfend)

Für Überschneidungsfreiheit entfernte Punkte:
- In Russland wurden vergangenes Jahr durch die erstarkende Mittelschicht 17 Prozent mehr Smartphones abgesetzt (rausnehmen, als Details Asien untergeordnet – überschneidungsfrei)
- Brasilien zeigt weiterhin sehr gute Absatzzahlen (rausnehmen, als Details Südamerika untergeordnet – überschneidungsfrei)

Das Beispiel ist überladen und in der Gliederung trotz des Versuchs, darauf das GÜTE-Siegel anzuwenden, nicht gelungen. Die inhaltliche Gleichartigkeit ist zwar erfüllt, die Informationsdichte innerhalb der Unterpunkte jedoch zu komplex.

Besser: Je nach Schwerpunkt in der darüber liegenden Ebene erfolgt die Auswahl der untermauernden Informationen. Diese kann z. B. anhand der Nachfrage oder der dafür verantwortlichen Einflussfaktoren getroffen werden.

Variante B: Die Nachfrage für Smartphones entwickelt sich überwiegend positiv.
- Anstieg in Asien um 30 Prozent
- Anstieg in den USA um 5 Prozent
- Verringerung in Europa um -9 Prozent
- Anstieg in Südamerika um 15 Prozent
- Anstieg in Afrika um 7 Prozent
- Anstieg in Australien um 0,4 Prozent

Variante C: Unterschiedliche Einflussfaktoren bestimmen die einzelnen Märkte.
- Asien: Trend zum Zweit-Smartphone und erstarkende Mittelschicht
- USA: Innovative Produkte stark nachgefragt
- Europa: Wirtschaftskrise senkt Kaufkraft und Nachfrage
- Südamerika: Weiterhin hohe Subventionen im Bereich Telekommunikation
- Afrika: großes Potenzial in den Metropolen
- Australien: Markt gesättigt

Übung H (Die fehlenden Kettenglieder erarbeiten) aus Kapitel 4.2

Einführende Aussage	Verbindungswort	Kommentierende Aussage	Schlussfolgerung
Die Bike AG produziert ausschließlich klassische Fahrräder.	aber	Der Markt für E-Bikes wächst kontinuierlich um 20 Prozent pro Jahr.	Die Bike AG sollte in die E-Bike-Produktion einsteigen, um vom Wachstum zu profitieren.
Die Windpark GmbH hat um 20 Prozent höhere Einkaufspreise als die Mitbewerber.	und	Die Windpark GmbH muss durch starke Wettbewerber um 10 Prozent gesunkene Umsätze verzeichnen.	Die Windpark GmbH muss ihre Einkaufspreise um mindestens 20 Prozent senken, um wettbewerbsfähig zu bleiben.
Das jährlich um 10 Prozent gesteigerte Versandaufkommen kann innerhalb der nächsten zwei Jahre durch die Kapazitäten des nicht automatisierten Lagers nicht mehr abgedeckt werden.	obwohl	Die Versandabwicklung konnte bisher durch die Ausweitung auf ein Dreischichtmodell sichergestellt werden.	Die Strato-Gruppe braucht innerhalb der nächsten zwei Jahre ein automatisiertes Lagersystem.
Der Markt für Ukulelen wächst um 10 Prozent.	und	Wir als Music AG haben Know-how und passende Anlagen für die Produktion von Ukulelen.	Die Music AG sollte in die Produktion von Ukulelen einsteigen.

Literaturverzeichnis

Anderson, John R.: Kognitive Psychologie. Deutsche Ausgabe hrsg. von Joachim Funke. 7., erweiterte und überarbeitete, neu gestaltete Auflage. Springer: Berlin, Heidelberg 2013.

Anderson, John R.; Bower, Gordon H.: Recognition and retrieval processes in free recall. In: Psychological Review, Vol 79(2), Mar 1972, pp. 97–123.

Conn, Charles; McLean, Robert: Bulletproof Problem Solving. The one skill that changes everything. Wiley: Hoboken, New Jersey 2018.

Duarte, Nancy: resonate. Oder wie Sie mit packenden Storys und einer fesselnden Inszenierung Ihr Publikum verändern. Wiley: Weinheim 2012.

Edmüller, Andreas; Wilhelm, Thomas: Argumentieren: sicher, treffend, überzeugend. WRS-Verlag Wirtschaft, Recht und Steuern: Planegg 2000.

Garrette, Bernard et al.: Cracked it! How to solve big problems and sell solutions like top strategy consultants. Palgrave Macmillan: Cham 2018.

Graebig, Markus et al.: Wie aus Ideen Präsentationen werden. Gabler: Wiesbaden 2011.

Hackenberg, Wolfgang; Leminsky, Carsten; Schulz-Wolfgramm, Eibo: Key Message. Delivered. Business-Präsentationen mit Struktur. Haufe-Lexware: Freiburg 2011.

Heath, Chip; Starr, Karla: Making numbers nount. The art and science of communicating numbers. Penguin Random House: London 2022.

Hey, Barbara: Präsentieren in Wissenschaft und Forschung. Springer: Berlin, Heidelberg 2011.

Hungenberg, Harald: Problemlösung und Kommunikation im Management: Vorgehensweisen und Techniken. Oldenbourg Wissenschaftsverlag: München 2010.

Kahneman, Daniel: Schnelles Denken. Langsames Denken. Siedler: München 2017.

Minto, Barbara: Das Prinzip der Pyramide. Ideen klar, verständlich und erfolgreich kommunizieren. Pearson Studium: München 2005.

Nussbaumer Knaflic, Cole: Storytelling mit Daten: Die Grundlagen der effektiven Kommunikation und Visualisierung mit Daten. Vahlen: München 2017.

Oppenheimer, Danny: Consequences of Erudite Vernacular utilized irrespective of necessity: Problems with using long words needlessly. Applied Cognitive Psychology 20. 2006.

Pascal, Blaise: 16. Brief, 4. Dezember 1656, Übersetzung: 1792, S. 263.

Ruder, Markus; Bless, Herbert: Mood and reliance on the ease of retrieval heuristics. In: European Journal of Personality and Social Psychology 85 (2003), S. 20–32.

Schneider, Wolf: Deutsch! Das Handbuch für attraktive Texte. Rowohlt: Reinbek bei Hamburg 2005.

Schoof, Axel; Binder, Karin: Auf den Punkt: Präsentationen pyramidal strukturieren. Springer Gabler, Wiesbaden 2014.

Simon, Herbert A.: What is an explanation of behavior? In: Psychological Science 3. 1992.

Williams, Robin: Design und Typografie – Die überraschend einfachen Gesetze guten Designs. Addison-Wesley: München 2008.

Zelazny, Gene: Wie aus Zahlen Bilder werden – Der Weg zur visuellen Kommunikation. 7. Auflage. Springer Gabler: Wiesbaden 2005.

Zelazny, Gene: Das Präsentationsbuch. 2. Auflage. Campus, Frankfurt am Main, New York 2002.

Bildnachweise

Icon Kaffeebecher: Getty Images © bubaone
Icons Glühbirne, Zielscheibe, Schlüssel, Zahnräder: Flaticon © Freepik

Abbildung 67: Pixabay
Abbildung 68: Pixabay
Abbildung 69: Shutterstock
Abbildung 70: DB Netz AG, Betriebssteuerung – Verfahren und Grundlagen
Abbildung 71: Shutterstock
Abbildung 72: Shutterstock
Abbildung 76: Shutterstock
Abbildung 83 & 84 (Storyboard Hyper Seal logische Gruppe / Storyboard Hyper Seal logische Kette): Dr. Benjamin Stahl
Abbildung 85: Pixabay
Abbildung auf Seite 31: Getty Images © Stígur Már Karlsson/Heimsmyndir
Abbildung auf Seite 119: Getty Images © pomphotomine
Restliche Bilder: Gezeichnet durch Johannes Kochs

Endnoten

1 Im Original schreibt Pascal »Ich habe den gegenwärtigen Brief aus keiner andern Ursach so lang gemacht, als weil ich nicht Zeit hatte, ihn kürzer zu machen«. (Pascal 1792, S. 263)

2 Minto: Das Prinzip der Pyramide.
Die ersten Veröffentlichungen von Barbara Minto zum Prinzip der Pyramide stammen aus den 1970er Jahren. Mit diesem Prinzip wurde eine wichtige und innovative Strukturierungsmöglichkeit für Kommunikationen im beruflichen Kontext entwickelt. Die Ausführungen Mintos sind jedoch an Anwendungen aus der Entstehungszeit gekoppelt, wurden seither nicht angepasst und entsprechen an vielen Stellen nicht den aktuellen Anforderungen der geschäftlichen Kommunikation.

3 Vgl. Schneider 2005, S. 62.

4 Vgl. Kahneman 2017, S. 86.
Klar und präzise formulierte Inhalte werden eher für glaubwürdig und intelligent gehalten als kompliziert formulierte. Siehe hierzu auch Oppenheimer 2006, S. 139–156.

5 Vgl. Schneider 2005, S. 89.

6 Vgl. Schneider 2005, S. 131, 136.

7 Schneider 2005, S. 140.

8 Vgl. Schneider 2005, S. 111.

9 Vgl. Kahneman 2017, S. 204, 405.

10 Vgl. Hackenberg 2011, S. 91.
Hackenberg bietet eine sehr kompakte Frageliste an, die als Einstieg in die Empfängeranalyse und den Perspektivwechsel genutzt werden kann.
Vgl. auch: Hey 2011, S. 35–40. Trotz der Ausrichtung des Beitrags von Barbara Hey auf wissenschaftliche Kommunikationssituationen bezieht auch sie die Orientierung an der Perspektive des Empfängers mit ein.

11 Vgl. Kahneman 2017, S. 13, 23 f.
Die Einschätzung eines Kunden oder Vorgesetzten in der fachlich bekannten Situation gelingt in den meisten Fällen sehr gut, da unbewusst zahlreiche Erfahrungswerte in die Entscheidungsfindung einfließen, die bewusst gar nicht abgerufen werden können. Der Psychologe Herbert Simon konnte dies in seiner Forschung bestätigen.
Siehe hierzu auch: Simon 1992, S. 150–161.

12 Die Analyse der Situation, die Definition der Komplikation und die darauf abgestimmte Frage folgen dem von Barbara Minto entwickelten Konzept.
Vgl. Minto 2005, S. 139 ff.

13 Vgl. Kahneman 2017, S. 38.
Psychologische Forschungen haben ergeben, dass schwierige oder unpräzise Fragen vom Empfänger intuitiv und unbewusst abgeändert werden zu Fragen, die einfach zu beantworten sind. Daher ist es außerordentlich wichtig, die Frage des Empfängers so genau wie möglich zu erkennen, damit das Kommunikationsziel des Senders nicht verfehlt wird und der Empfänger beim Thema bleibt.

14 Vgl. Kahneman 2017, S. 25, 42.
Je präziser die Kernbotschaft als Antwort auf die Frage des Empfängers abgestimmt ist, umso besser. Wenn diese beiden Elemente nicht ausreichend zueinander passen, besteht die Gefahr, dass der Empfänger nicht beim konkreten Thema bleibt, sondern seine

Aufmerksamkeit auf ein gedankliches Lösungsszenario richtet, das er leichter durchdringen kann.

15 Vgl. Minto 2005, S. 47 f.

16 Hackenberg 2011, S. 115.

17 Vgl. Kahneman 2017, S. 171 f.
Siehe hierzu auch: Ruder 2003, S. 20–32.

18 Vgl. Anderson 2013, S. 130–137.
Elaboriert erzählte Informationen (Storytelling) können länger und besser erinnert werden als abstrakt-theoretisch formulierte Informationen, auch wenn die Bereitschaft und die Motivation zum Lernen dieser Inhalte vorhanden sind. Durch das bekannte Muster beim Erzählen und durch die Verknüpfung mit persönlichen Erinnerungen entsteht beim Empfänger Identifikationspotenzial. Es werden Gehirnareale (linker Hippocampus und linker Frontallappen) angeregt, die zu einer besseren Merkfähigkeit der Inhalte führen. Weiterhin kommt es zu einer Aktivierung des zentralen Nervensystems und damit zur Steigerung der Aufmerksamkeit des Empfängers. Daher wird mit einer Einleitung in Form von Storytelling das Identifikationspotenzial des Empfängers hergestellt.
Siehe hierzu auch: Anderson 1972, S. 97–123. Vgl. auch Minto 2005, S. 48.

19 Kahneman 2017, S. 121.
Etwa vier Objekte können problemlos eingeordnet und daher leicht erinnert werden.

20 Vgl. Anderson 2013, S. 122 ff.
Experimente der Psychologen Guiseppe Vallar und Alan Baddeley haben ergeben, dass Probanden sich an 4,5 von 5 einsilbigen Begriffen erinnern können, die sie gelesen oder gehört haben. Steigt die Silbenzahl an, sinkt die Erinnerungsfähigkeit auf durchschnittlich 2,6 der Wörter, die dann in das Arbeitsgedächtnis aufgenommen werden. Damit haben die Wissenschaftler an Erkenntnisse von George A. Miller angeknüpft, der von einer Erinnerungsfähigkeit von 7 +/- 2 Items ausging, und diese widerlegt – sofern es um neue, noch relativ unbekannte Inhalte geht. Die Millersche Zahl hat im Bereich des Lernens, wenn also an bereits vorhandenes Wissen und angelegte Denkstrukturen angeknüpft werden kann, nach wie vor Gültigkeit.

21 Vgl. Schoof 2014, S. 183 f.
Axel Schoof schlägt vor, die Teilaussagen nach logischen Kriterien zu ordnen. Der hier ausgeführte Vorschlag der Einteilung in Und-, Oder- und Danach-Gruppen vertieft, erweitert und strukturiert den Ansatz von Schoof wesentlich.

22 Dieses Übungsbeispiel wurde gemeinsam mit Astrid Angloher erstellt.

23 Vgl. Anderson 2013, S. 205–208.
Forschungen des Kognitionspsychologen Adriaan de Groot und darauf aufbauend von William G. Chase und Herbert A. Simon zeigen die Steigerung der Merkfähigkeit bei Inhalten, die Standardstrukturen folgen. Wenn gewisse Denkstrukturen bereits bei den Empfängern angelegt sind und die zu vermittelnden Inhalte diesen folgen, reagieren die Empfänger – je nach Etablierungstiefe der Strukturen – mit einer gesteigerten Merkfähigkeit. Weichen die Inhalte jedoch von etablierten Standardstrukturen ab, sinkt die Merkfähigkeit etwa bis auf oder sogar unter das Niveau von unerfahrenen Empfängern auf einem bestimmten Gebiet. Das ist auch der Fall, wenn die zu vermittelnden Informationen an bereits vorhandene Kenntnisse anknüpfen. Grundsätzlich gilt: Mit zunehmender Erfahrung auf einem Gebiet verbessert sich die Fähigkeit, Informationen im Langzeitgedächtnis zu speichern und wieder abzurufen. Weicht die Vermittlung der Inhalte von den etablierten Standardstrukturen ab, gibt es kaum Unterschiede in der Aufnahmefähigkeit von Geübten oder Ungeübten.
Vgl. Schoof 2014, S. 147 ff. Axel Schoof bietet eine sehr ausführliche Bibliothek für Standardstrukturen an.

24 Vgl. Kahneman 2017, S. 63 f., 103ff.
Je genauer die Abstimmung der beiden Elemente erfolgen kann, umso wahrscheinlicher ist es, dass der Empfänger der Argumentation folgt. Psychologische Tests haben ergeben, dass Menschen einer Schlussfolgerung am ehesten Glauben schenken, wenn die Kausalität in der Herleitung gegeben ist. Bei einer logischen Kette hängt es also weniger davon ab, wie sehr die Botschaft den Ansichten des Empfängers entspricht, sondern vielmehr davon, wie gut diese begründet wird.

25 Nussbaumer Knaflic geht bei ihrer Definition von »Slideument« davon aus, dass nicht sauber zwischen Live-Präsentation und Text-Dokument wie Word unterschieden wird (siehe ebd., S. 180).

26 Darstellung nach Astrid Angloher, Präsentationsfolien 2015.

27 Die Idee zu den Funktionen stammt von Astrid Angloher. Persönliche Gespräche und Präsentationsfolien 2015.

28 Zelazny 2005.

29 Vgl. Graebig 2011, S. 180.

30 Kahneman 2017, S. 71.
Psychologische Studien haben ergeben, dass Inhalten, die in einem bekannten Erscheinungsbild präsentiert werden, mehr Wahrheitsgehalt zugemessen wird.

31 Williams 2008, S. 15–80.

32 Vgl. Graebig 2011, S. 183.
Vgl. Kahneman 2017, S. 85f.
Je deutlicher der Kontrast und damit die Lesbarkeit der Inhalte, umso leichter werden Inhalte aufgenommen und für glaubwürdig gehalten.

33 Kahneman 2017, S. 131.
Darstellungen von 3-D-Effekten, die zweidimensional wiedergegeben werden, z. B. auf Ausdrucken oder bei der Projektion einer Präsentation auf einer Leinwand, führen zu Wahrnehmungsverzerrungen.

34 Kahneman 2017, S. 85.
Wiederholungen der Aussage, aber auch der Farbe oder Form erleichtern die kognitive Verarbeitung und werden daher für glaubhaft gehalten und leichter erinnert.

35 Kahneman 2017, S. 81 f.
Psychologische Forschungen haben ergeben, dass Inhalten, die in einer deutlich lesbaren, klaren Schrift dargestellt sind, mehr Vertrauen geschenkt wird, als dies bei geschmückten, überladenen Schriftarten der Fall ist.

36 Kahneman 2017, S. 85.
Wird ein Teil des Wahrgenommenen wiedererkannt, wie etwa bei einem bekannten Layout, fällt es leichter, zusätzlich dargebotene Informationen abzuspeichern.